我 妈
和她给我的
四条命

谢仁慈◎著

My Mom and the
×
Four Lives
×
She Gives Me

人民交通出版社股份有限公司
China Communications Press Co.,Ltd.

图书在版编目(CIP)数据

我妈和她给我的四条命 / 谢仁慈著. — 北京：人民交通出版社股份有限公司，2017.10
ISBN 978-7-114-14050-1

Ⅰ. ①我… Ⅱ. ①谢… Ⅲ. ①人生哲学—通俗读物
Ⅳ. ① B821-49

中国版本图书馆 CIP 数据核字(2017)第 183472 号

书　　名：我妈和她给我的四条命
著 作 者：谢仁慈
监　　制：邵　江
策　　划：陈力维
责任编辑：陈力维
特约编辑：童　亮　刘楚馨
营　　销：吴　迪　刘　君　张龙定
出　　版：人民交通出版社股份有限公司
地　　址：(100011)北京市朝阳区安定门外外馆斜街 3 号
网　　址：http://www.ccpress.com.cn
销售电话：(010) 59636983
总 经 销：新世界青春(北京)文化传媒有限公司
经　　销：各地新华书店
印　　刷：中国电影出版社印刷厂
开　　本：880×1230　1/32
印　　张：6.125
字　　数：92 千
版　　次：2017 年 10 月　第 1 版
印　　次：2017 年 10 月　第 1 次印刷
书　　号：ISBN 978-7-114-14050-1
定　　价：39.80 元

序一

因为懂得，所以仁慈

第一次看到谢仁慈这个名字，是在收到的“2015 中国残障青年领袖训练营”的报名表里。当时的谢仁慈，十八岁，是年纪最小的报名者，在报名表里，她侃侃而谈，不仅表示想来学习，还要来和其他伙伴分享她的故事。我仿佛看到了一个对生活永远充满热情的姑娘，因为自己的生命而骄傲，因为自己正在经历的而骄傲。这种骄傲，恰到好处，自然而然，你不会觉得她是不知天高地厚，只会被她的热情所感染。

但是很遗憾，因为我们当年的设计，将目光更多地集中在了有过在当地开展小组活动经验并且无甚机会接受更多教育与培训机会的残障者与家长，所以，我们与这个被赞誉为“西政的太阳”、有着良好学习环境与诸多机会的姑娘失之交臂。

但是谢仁慈，这个名字，在近两百名候选人中，被我记住。因为这个名字很特别，这个姑娘，也非常特别。

第二次看到谢仁慈这个名字，还是在一份报名表里。这一次，是哈佛大学法学院与我们共同举办的残障者与法律工作者的能力建设与对话工作坊，时间是2016年11月。距离上一次看到这个名字，已经过去一年多，但我听到这个名字的时候，脑海里马上就浮现出了那个热情而骄傲的姑娘的形象。

So，我向她发出了offer。嗯，加上两个英语单词是不是显得很有格调，毕竟彼时，仁慈已经开始努力学英语，想要去外面更大的世界看看了。然后，我就在广州中山大学，见到了活蹦乱跳着的仁慈。我不得不用这个词来形容她。因为在当天给参与者所做的引导式培训中，数她最为活跃，也最为无所畏惧。我扮演一个处处刁难大家的怪叔叔，以一副死猪不怕开水烫的态度，向在场的残障者表示，你们的生活关我屁事，什么无障碍，什么融合教育，不要来给我们添麻烦。在激烈的辩论中，大家渐渐拿我没有办法。最后，只有她，坚定地跳起来，语速飞快地告诉我，像我这样的人，无可救药，不懂得什么叫人人生而平等，不知道什么是尊重，她会一直跟我战斗下去。

我知道，当初我从那张报名表后看到的，对生命充满热情与骄傲的姑娘，是真实的。而我对仁慈的过去，也产生了浓厚的兴趣。我想知道，是什么样的经历和成长环境，造就了这个如此热情而又骄傲的她。

后来，仁慈略带尴尬地发来了她的公众号里的一篇文章，是当地媒体对她的报道。之所以尴尬，是因为新闻的标题是《在这个西政姑娘面前，你们有什么资格抱怨！》，仁慈的内心，很抗拒这种将她视为励志榜样的报道，因为这个逻辑的背后，带着一种很低的预期，就是认为，原本戴着假肢的她，是没办法活得这样热情而骄傲的。

但仁慈又希望报道被更多人看到，因为它能够向更多人传递作为一个残障者，也是一个普通人的她，最真实的生活是什么样的。用我的话来说，就是——残障原来如此，残障不过如此。

我们越聊越投缘，后面不仅有机会了解到了她的生活，她和她的妈妈，还有她的爱情。

现在的仁慈和我，会讨论她要写的论文，会讨论她未来读研究生的方向，还有要不要来我们这里实习，在联合国的论坛上，作为专业人士，发言到底要说些什么。我们经常在一起，放眼未来。已经三十高龄的我，特别喜欢跟她在一起东拉西扯，觉得自己莫名地就对生活也热情起来。

起初，在仁慈找到我，请我帮忙给她的这本书写一则推荐的时候，我是有所迟疑的。毕竟论学识，我不如她，论目前在网络上鸡汤的程度，我亦不如她，要是拼起过往的经历来，唉，更是惨不过她。生怕对不起仁慈，和相中她的编辑小姐姐。但仁慈简单粗暴地把这事推给了我，甩下一句“你就写写你眼里的谢仁慈就好啦”，就迅速跳开了。让我不得不怀疑，她的假肢到底用的什么材料，弹性这么好。还是说，就连她的假肢，也被她给感染了，处处透着热情与骄傲。

嗯，就是这样，灵感诞生，关键词跳了出来，在北京去往深圳的飞机上，我在笔记本上敲下了这些。

毫不夸张地说，我眼里的谢仁慈，跟大多数人眼中的肯定是不一样的，因为我是个盲人嘛！但我相信，真正让自己的心，流淌过仁慈的过去之后，你一定会跟我一样，被她对生命的热情与骄傲所感染，但不会沉湎于旁观者所看到的苦难。

但我无意吹捧这本书有多么特别，相信仁慈在找到我的时候，也不希望我这样做。我只是忠实地记录下了内心的感受，在一段旅程的起点，急于跟有意而来，或者无意闯入，但都将开始这段旅程的你，分享，前方的风景，很不错。至于到底怎么个不错法，就只能有待你自己去找寻啦。

如果有人祈求耐心，你觉得上天会给他耐心，还是给他机会去掌握耐心？

如果有人祈求勇气，上天是给他勇气，还是给他机会去变得有勇气？

如果有人祈求爱，上天会马上给他注入温情，还是给他机会去学会爱？

……

不知道我有没有懂得仁慈，但我觉得，上天赐予了仁慈机会，让她学会对生命的懂得。而她，并没有辜负上天。

因为懂得，所以仁慈。

蔡　聪

上海有人公益基金会残障项目总监

《奇葩说》第四季选手

2017年7月

序二

故旧杜鹃，相见已稀

我与仁慈相识，源自一次校报采访。当时她刚考上西南政法大学（以下简称西政），第一次一个人背上行囊从云南出发一路到西藏，她把这段经历用文字和图片记录下来并发到了西政的贴吧里。蓝天白云下的布达拉宫，一个小姑娘拄着拐杖雀跃跳起，生命的活力与残缺在同一刻冲击着视觉。我认为这样的人物一定有着不同于常人的故事，是很好的新闻选题，就费心思联系到她，做了一次采访。

三年后，我同仁慈成为很好的朋友，她将本书的初稿发给我，邀我给她的第一本书写一篇序。这是继她偶然在知乎上写下关于自己坦然露出假肢的经历引发诸多媒体采访报道后的另一副产品，在这偶然又必然的关注中，她被贴上诸如"西政的太阳""假肢女孩"等标签，成为许多网民心中的励志偶像。事实上，当我拿到按照不同主旨汇总的文稿，读着这些熟悉的、早已被亲友知晓的文字，脑中并未浮现感动中国式的煽情情节。一点点记忆的碎片泛起，在生活中真实笑着、玩闹着、阅读着，甚至为心上人忧愁苦恼着的仁慈的片段与这些文字又奇妙的结合。我会想起她蹦跳着跃下图书馆台阶的样子，想起她在读书会上与同学探讨让与担保的样子，想起她夜半小亭中喝酒瞎聊希腊古典哲学的样子。这些文字是真实的，它因生活的经历被激起并表露，这些文字同时也是真挚的，它毫无戒心地向外界展示着创作者的人生体验和思想感悟。

某种程度而言，将饱含私人信息的文字向大众展示的前景是未知的。我一贯对文字的效用持否定态度，认为歧义和曲解是它的宿命；而仁慈对文字总是抱有莫大的期待，期待通过问题达到自我阐述和被他人理解的使命。我曾同她探讨其利弊，她总是同我讲："哪怕只有一个人接收到，有所触动、有所反思，那文字便是有意义的。"在这三年中，我见证她不断反思、坚持写作、坚持表达的过程，自己也在这过程中被她的内在所吸引、折服。

如此，文字也确乎有着能为他人感知的效用，事实上，它给了我们一个窗口，去穿过表象、外在的圆满或缺失，一窥内里灵魂的完整度。仁慈的文字，便有这样的功用。在她的文字里，我可以轻易构建一个她的形象，这个形象同她的假肢有关，又似乎与其无关。而能阅读到本书的人，亦可在媒体的阐述和标签之外，构建一个谢仁慈的印象，被其触动，有所反思。

好友：大猴儿

2017 年 7 月

自序

残障是不会让人优秀的，它只会给人一个机会去深刻认识自己、反思自己。

我是一个爱反省的人，虽不至“吾日三省吾身”，但由于每天写日记，省一次还是有的。回顾往昔，阅读和写作一直是我生活中不可或缺的部分。从四五岁阅读的儿童画报到八九岁的童话故事，从十三四岁喜欢的畅销小说到十五六岁的诗歌散文，再到现在偏好的社会科学类读物——我在阅读书目选择上的变化连起来就是一部不断变迁的成长史。十五六年过去了，但我始终记得第一次真正意义上的写作是五岁时给远在海南的爸爸写信，当时在旁边指导的妈妈还笑我说：“海南岛的‘岛’字怎么写歪了？这下可真是‘倒’了！”

写过许多信，一些写给父母，表达平时生活中难以直言的爱，还有每当做出一个重要选择时，一笔一画认真写下非如此不可的理由及渴望理解与支持的心情；也写给朋友和老师，现在看起来，比起交流，更多的是情感的抒发和自我的反思；最近两年，更多的信写给朋友，其中自我剖析和反省与爱意表达基本持平。除信件之外，写得最多的是随笔，关于旅行、阅读、生活和社会现象。

毫不夸张地说，对我而言，阅读是精神的食粮，写作是生活的解药。

许多人在看过关于我的报道之后会说："真励志！感觉被你激励了！"事实上，我的生活并不是一部励志片，而更像是一部不知所谓的剧情片——喜、怒、哀、乐来势汹汹地出现又会消逝得无影无终；也和所有人一样，除大起大落外，是日复一日的、毫无波澜的无聊。无聊，或许才是生活的本质。在每一个起伏的、挣扎的、无聊的阶段所留下的文字，是对生活的记录也是对生命的反抗。写作，也是反省的终极形式：它会逼着你把脑海中那些飘摇的念头汇聚起来，把只露出来一个小线头的思索从意识深处扯出来，逼着这些小思索茁壮成长，形成一篇有关于此的文章。在一些零碎的、混乱的、难以总结的时刻，一种汹涌的、蓬勃的、热烈的写作欲望会在我内心深处翻腾，驱使着我写下一封信或是一篇文章。写作时只觉胸口憋着一口气，快速写下又反复修改，写到一半又重读审视，直到最后一个句号打上，那口气才被我缓缓吐出来。

我是一个喜欢分享的人，早些时候的文章发表在QQ空间日志，后来随大溜和朋友建了个公众号，便在公众号中发表。我的好友大猴儿也爱写作，偶然见其中几篇，只觉文笔斐然，是我所难以望其项背的，但她从不发表。在一次清谈中聊起此事，她说："当他人看到文字的瞬间，就是被误解的时刻。"

"但许多人在看到我的文章后会来告诉我，他因我的文章而有所反思、有所触动呢。"我反驳道。

"如果一千个人里有一个人有误解的可能，我都不会发表。"她也坚持自己。

"我原来做好一千个人都误解的准备，结果居然有一个人没有误解，那我就很欣慰了。"我说。

在知乎答案发表，被媒体报道之后，许多人私信告诉我："仁慈，在看过你的故事，读过你写的文章之后，我觉得被鼓励了，充满力量去面对目前的困难！"其实看到这些私信，我还挺开心的，但不是为我写的文章激励了他们而开心，而是为他们想明白了一些事又充满力量去面对它而开心。

那天，我的编辑联系我，问："你想出书吗？"

我毫不犹豫地说："想！"

这本书除了之前在公众号"歌乐山疯人院"上发表过的文章，还包括未发表的，以及近几个月新写的文章和一些照片，它是对我即将过去的二十年生活的反思，也是一个微小而珍重的纪念。

突然想起小时候的一件事：忘了是哪本书，只记得在一口气读完它之后深受鼓舞，默默告诉自己一定要在二十岁的时候出一本书。

许多年过去，它居然莫名其妙地就实现了。

谢仁慈

2017 年 6 月 10 日

目录

001 关于爱

002 如果穿短裙把两个腿的假肢露出来，走在大街上会怎样？

017 我妈和她给我的四条命

026 仙人掌开花记

034 记忆中的老火车站

039 爱，原来是一场自我教育

049 关于成长

050 特殊儿童学校

056 一个拿着拐杖的大姑娘想说的

063 恋爱、追星——都是场伟大的自恋

068 我们为什么要阅读文学

075 二十岁的自白

085 关于自由

086 我为什么要去拉萨

099 谈谈女性的自由

107 写在去新疆之前

112 思考使你自由

119 自由真正的样子

125 关于自信

126 没人针对你，只怪你内心敏感又脆弱

130 自信从何而来

136 我不是你们的励志榜样
147 写给小红的一封信

155 **朋友眼中的谢仁慈**

156 与谢仁慈同学的十二年
159 在不确定的世界里
162 我的同学谢仁慈

167 **跋 致二十一**

关于爱

- 如果穿短裙把两个腿的假肢露出来，走在大街上会怎样？
- 我妈和她给我的四条命
- 仙人掌开花记
- 记忆中的老火车站
- 爱，原来是一场自我教育

如果穿短裙把两个腿的假肢露出来，走在大街上会怎样？

<写在前面>

所有的关注、报道都是源于这篇知乎的回答，里面详细写了为什么会露出假肢以及为什么开始关注残障人士权利。写完的那瞬间突然明白了，我是爱这个不完美又生机勃勃的自己的，这世界有什么比爱自己更重要的事情？因为我爱自己，所以我对“她”满怀期待，希望“她”能够成为更好的那个我；所以我努力生活、学习；所以我收获了更多的、来自他人的爱。这是生命的源泉，是最重要的事，故将这个答案收纳在“关于爱”这个部分，并放在第一篇。

作为一个残障女士，我非常理解题主内心的困惑和担忧以及对自我的怀疑与认同。

我打算以一个正在用假肢穿短裙的残障人士的身份来回答这个问题以及谈谈我身边人的反应。

从一直用有外包装假装“正常人”到我把外包装撕掉成为一个露着假腿到处蹦跶的大姑娘，这个过程不仅仅关乎美，更是一个自我接受与认同的过程。

一、身边人的反应

1. 身边朋友：“很酷诶。”

2. 陌生人：

（1）有一次在北京遇到一个很摇滚的大爷，迎面走来就说：“姑娘，我觉得你特儿有自信特美，我很欣赏你。”我：“嘿嘿嘿。”

（2）遇到各种老奶奶、老阿姨总是：“哎哟，姑娘你这腿……伤着啦？真可惜。”我：“嘿嘿嘿。”

（3）遇到小朋友：“妈妈你快看，这阿姨腿是假的！！！”我：“是啊是啊，所以你过马路一定要走斑马线，一定要牵着妈妈的手噢，不能像我！”（内心：小破

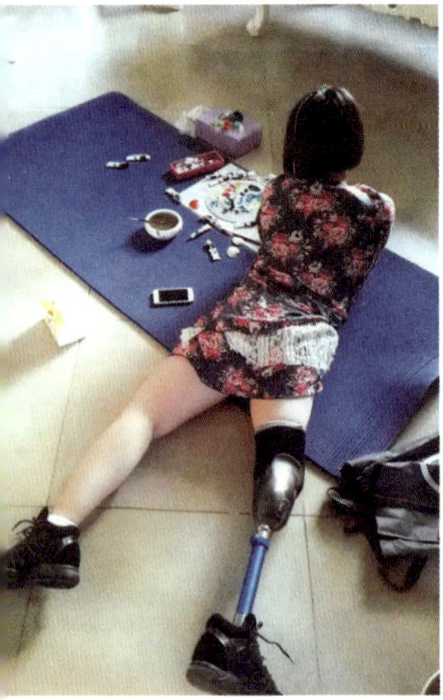

孩，我是阿姨？！我明明是大姐姐！）

（4）前几天在我们研究院，帮老师交材料，结果一个师兄一直在我的假肢和脸上来回打量……我逮着他和我对视的时候，粲然一笑，说：“怎么？”就走了。

（5）最最最最常见的，大家看我一眼，面无表情，走过……

3. 我妈：“干啥呢？遮起来啊！不然多吓人！”

我：“不！这就是我！”

我妈：“好吧。”

很长时间以后……

我妈：“你这看久了还挺好看的。”

4. 公共场合最大便利：作为残障人士的我终于可以正大光明地、坦然地行使一切我应当享有的权利，如残障人士卫生间、残障人士专座等。

二、啊，原来我是个残障人士！

在我十七八岁的时候，对“残障人士”这个身份是非常不认同的，从当年回答“残障人士的生活是一种什么体验”的文章里就能看得出来，戾气很重。十八岁的我愤愤不平，为什么你就只看到我的残障？其实在那个时候我是没有真正认识到自己是一个“残障人士”，或者说，我从来没觉得自己有啥问题。该吃吃该喝喝该玩玩，骂人打架蹦迪一个没少，直到有一天我打算去换一个假肢。

在我种种调查之后，我觉得假肢行业真黑啊，真不公平啊。对比了一下国内外残障人士权利保障，又觉得，怎么在我国，残障人士要遭遇那么多的不公？我们该得的呢？然后我就去找我的人权通识课教授，滔滔不绝地讲述我发现的不公平和心里的怒气。

最后我问：“为什么中国对于残障权利保护如此不到位？”

教授：“因为残障群体的不被知道，所以如何保障到位？你应该站起来去发声，让你们被听见。”

我：“啊？我……我可以吗？”那时候的我，不自信，我可以吗？原来我是残障人士？原来我的权利在受到侵害？原来……

“如果你不可以，谁可以？如果你不站出来，谁会站出来？”教授十分坚定地说。

那个瞬间我头皮发麻——虽然不是基督徒，但是我相信自己听见了来自上帝的呼唤。

啊，原来我是一个残障人士啊！虽然我比较幸运，生活自理，行走无碍，可我依旧会遇到很多麻烦和困难，何况其他重度残障的人士？

我，一个女性，残障人士，就读于知名政法大学法学院，我也许比许许多多从没上过学，生活在偏远地区的，饱受生活歧视与压榨的残障女性、残障人士拥有那么多优越的条件。可我，居然没有想过，作为一个法律人我可以为残障权利保障做些什么？

那个下午，在教授办公室里，我深切地明白了，我是一个残障人士，我该认同我自己，我该就自己所学为这个群体做些什么。也是从那个下午起，我开始了一段自我认同的道路。这条路，我很久之前就在走，但都关乎认同自我与灵魂，从未思考过作为“残障人士”的我，该怎么去认同。

三、残障是什么?

当我说到残障的时候,八成你会想到缺胳膊少腿的、聋哑的、轮椅上的——但事实上好像不是这样的,除感性的"有些人的残缺在心灵中,只是看不见"之外,联合国《残疾人权利公约》对残障的定义会更明确:

> "残疾人包括肢体、精神、智力或感官有长期损伤的人,这些损伤与各种障碍相互作用,可能阻碍残疾人在与他人平等的基础上充分和切实地参与社会。"

十七八岁的时候我就写过"让我感到自己残疾的不是自身,而是社会看我的眼光。"《残疾人权利公约》采用了社会模式来定义残障,这与以往从医疗角度不同(如我国《残疾人保障法》中对于残障的定义),残障不是自身心灵或身体的缺失,而是在平等参与社会上存在困难,这样的困难也许是物质设施(无障碍设施)上的,也许是遭受他人的不公平待遇,也许是难以认同自己。

大众会觉得“残疾人”好像离自己很遥远。但从《残疾人权利公约》的角度上来说，残障是演变的：我们，每一个人都会成为残障人士。比如，在婴儿车里的婴儿，他参与社会的过程（上街）是需要无障碍设施的，如直升电梯；我们每一个人都会老去，当身体机能下降，也会需要无障碍设施——毕竟，楼梯那么难爬，公交车台阶又那么高。

有一次在机场，假肢被送去安检了，我就和安检小姐姐闲聊问她每天来安检的残障人士多不多，她说，其实挺多的，就是不像你一样外放，都看不出来。嗯，只是“看不出来”而已。

在我“看不出来”的那些日子，我从来不觉得自己是残障人士，当一些权利得不到实现时，比如属于我的特殊需要座位被一个玩手机的年轻人坐着、残疾人卫生间不对我开放，我不会力争，只能默默站着，默默去普通卫生间。

但当我撕掉假肢包装以后，我变得更理直气壮了，强撕到底，因为，这是我应得的。

在中国，无障碍设施和残障儿童教育权保护还不到位，许许多多《残疾人权利公约》中的条件都尚未实现，而作为残障人士的我们，也应该去争取属于自己的权利。争取权利的第一步，就是领悟到“我是个残障人士”，并且认同“他”。

“所有争取平等权利的前提都是认同自己。”

这是一个艰难的过程：长时间的自我觉醒与认同就像长跑一样，总是气喘吁吁，总是想要放弃，还看不到终点。但我相信当我们调整呼吸、心率，这就会变成一个美妙的、自得其乐的挑战。

看到其他回答说，知乎用户素质普遍偏高，所以对这种“露出假肢”的行为给予最大的包容，现实中很多人可能会不屑一顾甚至恶语相对。怎么说呢，我老家就是那种保守封闭的地方，也会有很多人对我指指点点，但是，I don't care（我不在乎）——我不会要求每一个人都和我一样不在乎，可我认为当你选择撕掉假肢的外包装时，你就必须认识到除了赞美和鼓励之外你也将受到许多指点，这毫不意外，自由都是要付出代价的。你准备好了吗？你内心足够强大去接受赞美和指点了吗？你是要活成真正的自己，还是活成别人眼中的你？如果活在别人眼中是100分，你给自己打几分？除了给题主灌鸡汤，我觉得这也是应当好好思考的。

四、“撕掉包装”

2016 年 6 月，我在商场购物时，总是找不到合适的裤子，穿上的时候左腿粗右腿细，引来导购小姐小心翼翼打量的眼光，让我非常不舒服。我想，与其这样费尽心思地遮住，不如坦荡地露出来。

于是，我回到酒店就把假肢外包装给撕了，买下的裤子的右裤腿儿也给剪了，成了现在的我。大家再也不小心翼翼地打量我了，要么不看，要么正大光明地看，我很喜欢这种坦诚的感觉。说真的，自从“撕掉包装”之后，我变得更快乐也更坦然。

“撕掉包装”，这就是我想说的。其实我们每个人可能都是被无意识包装过的。比如，我把自己包装成“四肢健全的正常人”，我假装我和别人一样蹦蹦跳跳，其实许多时候脚会很疼，力不从心。有些人内心其实很抑郁，不开心，却把自己包装成阳光快乐的人，表象之后会是更深的难受。

其实不是这样的，我，本来就和别人不一样啊！我可能没办法跳舞了，我走很远的路就会很累，我也想坐特殊需要座位、走特殊需要通道，我为什么不接受那个脆弱的自己？我为什么要逞强去告诉别人“我也可以”？所以我撕掉了假肢的包装，我愿意接受那个脆弱的、缺少右腿的自己。而那些表面阳光内心痛苦的人，你们又是否真正的快乐过？是否真正的接受过自己？

如果不能，那就去努力成为你会接受的那个自己。

我们存在的价值，为什么要通过包装来体现？

撕掉假肢包装的我，是看得见的、需要帮助的残障人士。

撕掉“我很快乐”那层皮的你，是需要爱和关心的。

即使“撕掉包装”，我也还是那个满嘴跑火车、爱抖机灵又臭美的Mercy；你也还是爸爸、妈妈、朋友心中最独一无二的、珍贵的你。

五、爱我的人，我的朋友们

1. 朋友

（1）其实我一直觉得戴假肢穿裤子不和谐，从四岁出车祸之后再也不穿裙子，听我妈说，我小时候是那种冬天都要穿裙子的臭美精。可为什么偏偏是那天我要“撕掉包装”？我想，可能是因为第二天我就要见到一位许久未见的朋友了，我相信露出假肢，他一定会赞同我并且支持我，所以我有勇气。

果然，第二天见到他之后，他说：“小狗腿还挺酷嘛。”

那瞬间，我就觉得充满了无限信心。

（2）特别感谢我的朋友D和P，因为他们是我撕掉假肢包装之后见面的第一批朋友，他们不仅说这很酷，还给我的假肢画上了彩绘。如果不是他们的鼓励和支持，我想我多半是没有勇气在后来的生活中露出假肢来行走的，真的感激我亲爱的D、C和P。

2. 家人

我家里的人一向都支持我做任何我想做的、深思熟虑过的事情，十分幸运，我很感谢。妈妈在一次采访里说：“我很高兴女儿长大了，她很有勇气。我至今都不敢敞开那条裤腿走在街上呢！”（出车祸时，妈妈为了救我，也失去了左腿。）

六、写在最后

我希望残障人士能够接受自己，真正认同自己，但我并不认为一定要像我一样撕开包装，露出假肢才能“证明”。因为还有更多的人无假肢可露。

我无意去证明什么，只是这是我的选择和我生活的方式，我表达出来，让大家知道“噢，还有这样的生活方式”而已。

至于撕或不撕，还是结合每个人的实际来。但我还是很希望每个人都可以接受自己、认同自己、快乐生活——毕竟幸福太难了，那就祝你们快乐吧。

有人问我“Mercy，你就完全自我认同了吗？”

我始终觉得自我认同的过程就像你拿了一个你的样子的俄罗斯套娃，你到某个阶段一打开“噢，我是这样的。”过一段时间再打开就变成“呀，我还可以这样。”……直到我死的那天，闭眼的前一刻，我打开了最后一个套娃——“噢，原来我是这样的。”要么怎么叫“盖棺定论”呢？嘿嘿嘿。

Mercy（一只推了鸡血的红眼孔雀）

我妈和她给我的四条命

<写在前面>

本文写于2017年母亲节，写作的初衷是因为有网友看了我知乎的答案之后，觉得我一定有一个非常美好的家庭，但事实并非如此，故写下了这个关于我和母亲在那些艰难岁月中的故事。在微博发表后获得五十多万的阅读量和几万个赞，许多网友表示感动到落泪，我的编辑也是在看了这篇文章之后决定邀我出一本书，于是坚定地把这篇文章的标题当作书名。因为我的所有，都是源于母亲给我的这四条命和无尽的爱。

我妈是二十七岁那年遇到我爸的，说不上天作之合，只是被爱情的熊熊烈火烧得脑子不清楚，于是就结婚了。我妈事到如今回想起来都会很严肃地说："嫁给你爸是我这辈子最后悔的事。"所以说，婚姻要谨慎。

是的，我妈婚后生活并不幸福。那时我爸是街头小混混，打架坐牢，是因为生病取保出来才见着我妈妈的。身边的人都知道，但都没告诉她，她在我爸就要回到监狱里去的前三天知道这事儿，那时候我才两个月。我妈没一怒之下把我堕了离婚，是她给我的第一次生命。

十月怀胎，我正式来到这个世界。以前不懂这意味着什么，直到有一次在微博上看了一个关于分娩的科普，才知道妈妈是挺住了多大的风险又忍受住了多大的痛苦才把我带到这个世界上来。生我的时候有些难产，我爸坐牢也不在她身边，就奶奶在照顾她——想来我妈真不容易。这是她给我的第二次生命。

小时候对爸爸的印象很少，都是妈妈、奶奶和姑姑照顾我。那时候我四岁，刚上幼儿园，被我妈打扮得漂漂亮亮的，同学们都喜欢和我玩。记得那天周五，第二天要去学芭蕾。妈妈要出门找她开诊所的朋友说事儿，我就百般纠缠跟着去，她就吓唬我说："跟着去要打针哦。"

我到底是跟着去了，结果没想到我一进门医生阿姨正好拿着针准备给病人打针，对于针的恐惧似乎是扎根在每个孩子的骨子里的，所以我二话没说、惊慌失措地扭头就跑。诊所开在马路边上，对面就是我家老宅子，那天恰好路边停了一辆高大的货车，遮挡住了我的视线，我没看清楚路就跑了出去——恍惚间有人叫了我一声，拉了我一把，就什么都不知道了。

睁开眼睛时光线很暗，看到的是汽车底盘复杂的管道和轮胎，以及外面亮光处的一双双脚和鞋，耳朵嗡嗡地似乎听到有人在喊我。后来只记得被人抬到出租车上去医院，因为等不及救护车了。在出租车上我看到自己的右脚没了，血和黄色的筋混合在一起，但我一点儿也没感觉到疼。我看着我妈，她的左腿也是这样。原来我妈跟着我跑了出去，她看到了被货车挡住的疾驰而来的而奋力向前跑去的我却没有看到的大巴车，电光火石之间她叫了我的名字，一把把我从鬼门关里拽了回来——但我的右腿留在了那儿，作为代价，我妈的左脚也没回来。这是我妈给我的第三条命。那时候我四岁多，十六七年过去记忆已经模模糊糊了，但仍记得脚步声、手术台、刺眼的灯、血淋淋的残肢和我妈哭着对我说的那句话——“崽啊，

一定要好好读书。”哦，对了，还有司机师傅那句响亮的“别把血沾在我车套上。”

躺在手术台上开始疼，医生给我打了一针说，醒来就好了。我迷迷糊糊地睡过去，脑袋里最后想的是，完了，明天的芭蕾课可去不了了。

幼儿园去不了了，小朋友也不和我玩了。我们在医院里住了三个月，我在五楼，妈妈在六楼。一开始没有拐杖，就站着双手拿着小板凳，往前面一放，我就跳过一段距离。奶奶姑姑每天忙车祸的后续事情，我就一个人这样跳上去找我妈，因为我觉得她很难过，我怕她没了。后来我妈说，她在六楼窗口上看着，想跳好几遍了，但一看到我每天都去守着她，她又觉得咬咬牙还能继续活下去。

后来出院，回到老宅。其他小朋友不和我玩了，我妈就自己教我拼音，给我买书，给我念书。喜欢看书大概也是从那时候开始培养的。后来我特别特别想去上学，我妈就拄着拐杖，一天去一个学校，问可不可以让我去读书。我家老宅旁边是一座桥，我每天傍晚就满怀期待地站在桥边等我妈回来，结果每天她风尘仆仆回来对我摇摇头。有一天，她回来得比平常更晚，用拐杖走路好像更跛了，我站在桥头等了很久，看到她就跑上去问怎么样

了，她看了我许久才说："学校都不要你，不然咱们就别读了吧？"我当时"哗——"地眼泪就掉下来了，我说："妈妈我想读书，你让我读书吧，我……我……我一定会考上哈佛的。"我妈也哭了，她说："好，妈妈再去问问。"

后来找到我大姨妈，托了几层关系终于把我送进了普通小学。三年级的时候，我爸要和我妈离婚，我妈开始不愿意，我爸逼着离，后来我妈离了，我爸又要复合。我妈受够了，就躲着我爸，我记忆中有一段时间我妈失踪了，我总看不到她。有一次，我爸喝醉了去我舅舅家找我妈，只有舅妈在，似乎有争执。第二天，我舅舅就带着一群人来到我爸那时开的粉店，拿着刀砍他。我爸被逼到墙角，摸到了一把刀，胡乱捅了，一死两伤。那天我还在上课就被老师叫了出去，姑姑慌慌张张地把我带到医院，我就看着我爸躺在病床上伤痕累累，手铐把他的手腕和病床扣在一起，看到我的时候他喊了一声，手捏成拳头提起来，我看到上面布满了青筋。

我妈还是没出现，我奶奶姑姑忙着我爸的事情，我成了没人管的小孩。没钱吃饭，我偷过同学的钱，无家可归，我常去同学家蹭饭，现在想起来对那些同学很愧疚。后来有一天，我妈又出现了，她在我小学附近开了一家理发店，每天给我做饭陪我读书，我们就一起住在理发店里的小阁楼上。

我初中的母校、高中的母校都神奇地在那个理发店周围，就这样，我在那里住了七年。那七年我爸我奶奶这边几乎是一点钱都不给我，每次都会因为学费的问题吵架。我妈没办法，就一个人努力养活我，除了开理发店还会去一个学校食堂里做早餐。生活其实是艰难的，但是我妈从来没有抱怨过什么，她面对我时总是坚强的、乐观的，我想要的书她全部都给我买，说是生活上艰苦点，但是该看的书不能少了我的。她从来没有要求我成为什么样的人，总是告诉我要开心地活着。我高中那几年十分叛逆，学习成绩极差。离高考还有一年的时候，模拟考只有400多分。我觉得我可能读不上大学了，我妈说："妈妈相信你可以的。"我高中最后那一年，中午和晚上休息都不回家，在桌子上趴着休息一会儿就起来看书学习，我妈就每天在理发店里做好饭给我送到学校来，陪我吃完她再回去工作。我那时候每次一考完数学就要打电话跟她号啕大哭一次，我妈都说："没关系的，没事的，知道错在哪里就好。"后来高考我考了将近630，如愿以偿地进了我高三时最想去的西南政法大学，学习法律。所有人都觉得我是黑马，但我妈说：“妈妈一直相信你可以的啊。”

我妈支持所有我深思熟虑过后想做的事情，前段时间我跟她说，“我以后想用自己学习的法律去推动残障权利的保障，这可能会赚不到钱饿死的。”我妈说：“人生不能只看着钱，你做这样的事情妈妈支持你，妈妈为你骄傲。”

妈妈的乐观、努力、不抱怨深深地刻在我的骨子里，让我相信自己、成为自己、无忧无虑地去做我想做的事情。这就是她给我的第四条命，也是最重要的那条。

我妈妈是世界上最好的妈妈，你妈妈也是世界上最好的妈妈。

妈妈们都很伟大，我们都很爱她们。

祝天底下的妈妈们平安快乐。

仙人掌开花记

我是恨我爸的，从初中开始到高中毕业，从十二岁到十八岁，在每一个应该阖家团圆的节日，在每一次妈妈和姑姑因学费争吵的开学前夕，在每一次看到别人一家三口其乐融融的瞬间——我都恨，我都埋怨："为什么你不在我身边？"甚至会恶毒地想："当你不存在好了。"

记忆中关于我爸的份额很少，在我妈那明艳的、绵长的、排山倒海般的事迹下，它聊胜于无。小时候别人问："那你爸呢？"我都会回："他坐牢去了。"作为孩子，家里人对我却从不隐瞒，我理所当然地也对别人坦荡荡，结果就是让别人投来更同情的目光。稍长大一些，为了让自己不被同情也让别人不尴尬，我就说："他在外地工作。"反正，监狱里每天都是劳动改造。

我爸那一代有我不懂的“江湖义气”，为朋友打架斗殴砸场子，被捅得肠子都流出来了，自己咬咬牙塞回去后又继续追着别人干架，边跑肠子边流。朋友多路子也广，坐牢时总有人想把他往外捞，也总有人带着我一起去看他。可这又怎么样呢，隔着监狱会见室的铁网看着穿黄色劳改服剃光头的他，我脑袋里来来回回就这几个字：违法犯罪，作奸犯科，罪有应得。

我不知道他是否是别人的好兄弟、好朋友，但他对我而言并不是一个好父亲——在我前十八年生命中，他陪伴我的时间不会超过两年，其余的都在坐牢。

其实很好理解，我奶奶在生我爸之前有两个儿子，却都不幸地在那个困难时期给饿死了，只留下一个女儿。后来日子好过了，我爷爷奶奶就想生个儿子，赶在计划生育之前生了俩闺女之后才有了我爸，自然是十分宠爱。我爸小学因为各种各样的原因转了几次学，最后说不读竟然就不读了。爷爷在世的时候并非没有管教他，吊在房梁上用鞭子抽也是家常便饭，但最后都会被我姑姑和奶奶求情或者悄悄放下来。在小树还没有被修直的时候，我爷爷就过世了。那之后我爸更是横行无忌、桀骜不驯、无法无天。在我老家那个向来风气不好的小山村，也

是恶名昭著的。

我爸的混账行为最是苦了我，因为小时候在我干点像和小朋友打架、上山偷果子这种无伤大雅的事被我妈知道后，都会被一顿胖揍，手段之狠，令我奶奶都忍不住破口大骂："你是她亲妈吗？"我妈立刻火气十足地回："你是亲妈宠你儿子，现在宠到监狱里让别人打了吧？"转头又教训我："你是不是要变得跟你爸一样！"同时下手更狠了——教育观念、狠心程度的不同，导致我妈和我奶奶关系一直不好——而我一边哭一边在心里大骂："都是该死的谢 × 害我被打得那么惨，呜呜呜。"还一边埋怨我妈："你就是恨我爸才拿我出气的。"

虽然小时候我不知道自己要成为什么样的人，但我十分的笃定：一定不能成为我爸那样的人。

心里埋藏着怨恨和看不起，在少有的我爸不坐牢的时间，我们也没能好好相处。这事儿想起来不单单怪我，真的，我爸也没想着和我好好相处——他酗酒。

大概四五岁的时候，我还挺喜欢他喝酒的，因为平常严肃的他喝了酒会陪我玩会儿，给我买好吃的；长大了，对于他喝酒这事儿，我可以说是深恶痛绝。我第一次知道原来酒精会让人变成另外一个彻彻底底、完全不同的

样子。或者说，酒精会将一个人性格中本来的恶和压抑住的那些欲望给毫无顾忌地释放出来。我爸喝了酒会和我妈吵架，最记忆犹新的一幕是某次他喝醉，和我玩的时候不小心伤了我，我妈非常生气，三言两语之下吵了起来，然后他们就动手了，打得几乎是头破血流，我坐在家门口的地上撕心裂肺地哭喊起来——小时候我最擅长哭喊了，因为只有这样才能把邻居招来，把撕扯在一起的他们拉开。

初三时，我爸坐牢归来，非逼着我妈和他在一起，我妈被逼得没办法就躲了起来。有次放学回到我妈开的理发店发现她又不在，而喝醉的我爸在给客人休息的长凳上躺着，瞬间我就气不打一处来。大声问："我妈呢？你不要在这儿睡觉！"那时候的我浑身长满了刺，又觉得自己占尽了世间的道理，不知道什么叫"好好说话"，一张口就能啐我爸一脸唾沫。于是我就被他掐住了脖子，眼冒金星、脑袋发晕、快要喘不过气了，慌乱间吸了几口金贵的氧气还要大声骂："你有本事就掐死我啊！"到底是没被掐死，我爸最后放了手，看也没看我一眼就走了，而我跌坐在地上边哭边咳了好久。

只要我爸喝醉了，我和我妈就会远远地躲着，一点也不想看到他烂醉如泥、胡言乱语的样子。高二的时候，学校组织一个文艺晚会，我正玩得开心，同学突然跟我说："你爸来找你了，在门口。"那瞬间我第一感觉就是害怕，他喝醉了，他来找我了。我急急忙忙走到活动室门口，发现他果然喝了酒，幸好不多，又害怕他这样子被同学看到了丢脸，我二话没说就奔出校门往我妈的门面跑去。我爸好像是意识到了什么，没喊住我也没叫我的名字，就一路默默跟着。我一回到门面就关卷闸门，直到"啪"的一声把它锁上，我疯狂跳动的心才开始放慢节奏。几分钟后，我爸在外面轻轻敲门，敲了好几次我才不耐烦地吼道："你来搞什么？"门口静了很久，久到我以为他都走了，他才慢慢地说："我最近打了工赚了些钱，你学习辛苦想让你过好一些……"同时几张钞票就被从卷闸门下方的门缝塞了进来。那瞬间我用冷漠、恶毒、强势、不服所吹鼓起来的保护自己的、可笑的气球似乎被针给轻轻扎了一下——心里酸酸的，说不出话来。我爸什么也没说就离开了，我也忘了自己在门边看着那几张红彤彤的钞票站了多久。

从那以后我脾气没那么暴了，开始细心观察这个我本该最熟悉却十分陌生的，我叫作“爸”的男人——仅限于他没喝酒的时候。他很粗鲁，一身流氓脾气，但在跟我说话的时候会比跟别人说话低八个度；他没上过学，为了跟我说几句话会专门去找书来认真地读，不认识的字就来问我；他是被家里宠坏了的小儿子，却愿意为了挣钱给我读书去干以前绝不会干的体力活。在冥冥中其实他教会我不要成为那种我所厌恶的人；是他告诉我做人要讲义气，要忠诚，不要撒谎；是他教会我“眼泪是没有用的，像男人一样去争取自己想要的东西”；也是他说：“爸爸没有给你做个好榜样，但爸爸希望你做一个好人。”

如果说我妈是正面引领着我，那我爸就是侧面鞭策着我，虽然表达的方式不同，但不可否认，他们都是爱我的。当我发现他原来也爱我的时候，就是我开始去包容的时候。必须承认我和我爸之间的矛盾永远横亘在那里：我们看待世界的方法都是完完全全不同的。这是源于不同的教育以及不同的人生经历和选择，我们都十分固执，谁也不肯让步，但我们不再争得头破血流。

我小时候天真地以为，所谓父亲对我来说大概就是贡献了一颗精子，我才不会在乎什么血缘。到近两年才明白，所谓父亲，和母亲一样，都是真心希望你好，付出一切对你好，满足你的心愿，而不求回报的人。是真的不求回报，而不是嘴上说说而已。其实想起来，年幼时父亲角色的缺失，虽然让我少了温暖，但同时也让我没有活在父亲的权威下，而是自由地做出选择；也逼着我学会勇敢、学着强大起来去保护自己和母亲。

我恨他，我怨他，我讨厌他，但同时我也深深地爱着他。我从来不会跟他说，这种爱和恨杂糅在一起塑造了现在这个我。前不久我跟好朋友说："你知道吗？最近开始觉得我爸很爱我，他对我的爱其实并不比我妈的少。"她回："是你变得柔软了。"

小时候我的外号叫"仙人掌"，那么多年过去她终于也开出了花。

记忆中的老火车站

我的童年是在老火车站与奶奶一起度过的，那时候的火车站是年轻而富有朝气的，每天人来人往。我喜欢趴在矮墙上看人山人海。每次奶奶从水井边洗衣服打水回来，都会笑着说："你又在看神仙过路啦！"[1]

彼时的奶奶就像那时的老火车站，每天都精力旺盛。每天早上四五点总有一辆火车伴着"呜呜"的轰鸣声到站，我往往会在被惊醒之后嘟囔一声继续昏昏睡去。而奶奶，就在这火车声中天未亮时开始了一天的劳动。

洗漱完毕，劈柴，烧火，抬水，洗衣服。这一切她都有条理地做着，几十年如一日。待她做完这些活儿，就把我

[1] 看神仙过路：贵州方言，意为看人来人往。

从床上揪起来，帮我穿衣，喂我吃早饭。早饭后，奶奶便会搬出小板凳坐在台阶上做针线活，我就趴在矮墙上看人山人海的火车站。过午

之后，奶奶会拉着我的手一起到老火车站里去捡一些丢在地上的塑料瓶，积少成多了就拿去卖得一点小钱，给我买小零食吃。傍晚吃过饭，奶奶还会拉着我的手到月台上去散步，陪着年幼的我细数一节一节望不到头的火车厢。

稍长大一些，我找到几个玩伴儿。于是，火车站就是我们玩耍的好去处。那时候的老火车站有一个专门供工作人员休息的院子，内设荷花池，池里还有小金鱼。旁边有几个长板凳，我们几个小伙伴就在那里玩躲猫猫，玩累了，便眼睛一闭躺在板凳上睡去。再醒来时太阳早已下山，原本嘈杂的老火车站却异常的安静，奶奶叫我回家吃饭的声音在这静谧之中显得格外的嘹亮。我急忙起身跑到她身边拉着她喊“奶奶”，却被她赏了几耳刮子骂道：“又上哪儿野去了？都不知道回家吃饭么？火车站人那

么多，被人拐了去，你爸爸妈妈不怪死我！”骂罢，拿出小手帕擦一擦我玩得脏兮兮的花脸，有力地牵着我的手，往家走。

最喜欢吃绿豆糕，奶奶就会给我做很多让我带在身上，饿了就吃。于是，记忆中的老火车站充满了鼎沸的人声，奶奶的呼唤，火车的轰鸣，绿豆糕的清香。

后来长大了，妈妈就接我到离学校近的地方住下，很少再回奶奶那儿。某一次回去，兀然发现老火车站变得空旷凄凉人烟稀少。回到家中，奶奶正半躺在摇椅上。一问得知，原来新火车站搬到小围寨那边，这里已荒废。我不禁唏嘘，奶奶笑道：“这有什么，我刚嫁给你爷爷那会儿这火车站就在了。你看现在我都老了动不了了，这老火车站也该换新的了。”

是的，奶奶的确老了。以前的奶奶是一刻也不会闲下来的，她每天仿佛有很多做不完的事情，正如那时候的老火车站，每天人潮冗杂精力旺盛，是都匀市最热闹的地方之一。而今，却已是垂暮的老人了。想到这里，我鼻子一酸，连忙上前去握住奶奶的手，而那双记忆中厚实而有力的手掌却不知何时变得干枯无力。

去年十二月的时候奶奶去世了，从此我便更少回去。清明时回去，发现原来的铁轨都被拔起，月台也被拆了个七七八八，一片荒凉景象。

我站在一片石头上，不禁想起奶奶，想起她早上带我拿着报纸在月台上吆喝着卖，指挥我拾起地上的塑料瓶，在或是人群冗杂或是空旷的火车站呼唤我的名字。想起以前那个热闹非凡、人山人海的火车站。

“死亡并不是失去了生命，而是走出了时间。”[1] 奶奶和老火车站，就在一阵大风中，走到了时间之外。徒留我一人在此怀念奶奶和记忆中的老火车站，怀念那些回不去的年少时光。

致奶奶[2]

耳朵里聒噪的音乐，
也挡不住想你。

---

[1] 引自余华《在细雨中呼喊》。

[2] 本诗写于2013年，时年十五。

老火车站里被掀翻的月台，
破旧平方顶上疯长的野草，
残败厨房中四漫的炊烟，
塞满儿时回忆的檀木箱，
苍老的摇椅上半躺着你。
身边老黄猫打着呼噜诉说着过去，
这一切的一切，
只因你已不在，
却又无处不在。

爱，原来是一场自我教育

< 写在前面 >

爱情是生命中重要的事，但恋爱中最要命的，就是只顾着去爱了。一段爱情，是会让人学习、让人成长的，需要主动去发现、去反思。我们通过一个人，去看到这个世界精彩的另一面，去窥探美的瞬间，去经历永恒，有什么比这更美好的事情？因而爱情里没有对错，两个人有各自流光幻影的意义。即使分开了，也是人之常情，无可厚非——所以，不必苛责。

你有没有在奋不顾身地爱一个人的同时，又咬牙切齿地恨着他？这个过程是快乐的，但想必也是压抑的、痛苦的，甚至是令人绝望的——结果到最后才发现，爱的是自己所缺失的东西，而恨的则是那个自私的、无能的自己。

或许我们每个人这辈子都会遇到这样一个人：开始时你们一见钟情、相谈甚欢、惺惺相惜，让彼此几乎都觉得这是命中注定，但到后来才明白，不是你们注定会在一起，而是他注定会成为你成长过程中不可或缺的、举足轻重的一部分。

没有人是完美的，我们总被自己所缺失的东西吸引、对自己所渴望的东西着迷，甚至会上瘾，这一点在亲密关系中尤为明显。就像缺乏父爱的女孩总会下意识地在伴侣身上寻找父亲的影子，在孩童阶段被迫成长的男孩更容易被孩子气的女生所吸引，内向的人更喜欢外向的人——年轻时我们总渴望寻找到那个阿里斯托芬口中的被劈开的另一半，以求得到内心的、灵魂的完整。但是，这种将自我人格塑造完整的期望寄托在他人身上的一厢情愿，是注定会失败的。

事实上，那些你缺失的、最渴望的、最着迷的东西，往往都将会成为伤害你最深的事物的源泉：所渴望的父亲角色背后除了照顾、体贴之外还有家长式的强权和管教，孩子气的伴侣让你开心的同时也会因为孩子般的幼稚和不讲道理令你心碎，而外向人的喋喋不休、广泛交友也可能会引起你内心的烦躁与不安。一个人可以是带给你快乐的天使，同时，也可以是毁掉一切的恶魔。

我爱过这样一个人，他让我明白这世界原来真的有"一见钟情"存在，也让我迅速地成长为现在的自己。但同时也是他，让我体会到不曾有过的痛苦。一段快两年的恋爱中，快乐是真实的，而痛苦也是——或许这不是一段好的爱情，但一定是一个好故事。"我到底爱他什么？"在我看见他、看不见他的时候都会常常这么问自己。后来，在一次次心碎之后我终于想明白了：由于年幼时家庭的变故导致我在自己没有意识到的时候就被迫成长了，我所缺失的、我所迷恋的就是他身上的孩子气。

从小妈妈就跟我说："你要学会接受生命中那些不能改变的东西。"于是我努力学会接受自己失去了右腿之后再也没办法跑起来这件事，是他告诉我："为什么不可以？我给你装重型关节，气缸，辅以锻炼，你会跑起来的。"刚认识他那会儿，我一直尝试着让自己的假肢更逼真，而他第一次告诉我："为什么要做一个和真的很像的假肢？已经失去的东西为什么要再掩盖？就是要不一样的，这就是本来的我。"他对世界的不服、对既定现实的不接受和像孩子一样天真的许许多多的解决方法，干各种稀奇古怪有关机械工程的活儿时的专注和说起各种理工科知识时的眉飞色舞都深深地吸引着我，我几乎是倾泻般地栽进他深邃的瞳孔、他五光十色的理工科世界。我们是完完全全不一样、不同世界的人，正如刚认识他那会儿聊到求之不得之人，他说："我和 × 不是一个世界的人。"而我回答："为什么要一定是一个世界呢？你的世界吸引我，我的世界吸引你，那么彼此都为对方开一扇窗，当你需要我，到我的世界来，你就看到我看到的风景。同样的，我会看到你眼中的世界——于是我们就有了精彩的两个世界，不是吗？"

那时我天真地以为：我们是不一样的，那我们可以是互补的，那多好啊。可到最后我才深刻地明白：伴侣应当是在生活中技能上的互补，而不是三观互补，灵魂伴侣并不见得是生活伴侣。

我最爱他的地方，也恰恰是他伤我最深的地方。他的孩子气也是今天说分手，明天就说复合的反反复复；是做事时就全心全意忘掉我的专注；是我一次次期待又落空的失望——这些都让我虚弱，甚至让我抑郁。这就是我爱的，我恨的人啊。

我始终认为一个好的爱人应当是试金石，试验你是否真的是你想象中的样子；也应当是一面镜子，在他身上你可以看到自己的不足。

遇到他之前我认为自己是洒脱的、无谓的；遇到他之后我才知道原来我也会去查手机、骂情敌、要死要活，原来我也会分手又复合，一点也不潇洒，一点也不酷。然而，也正是在那一次次痛苦与反复之中，我才看到自己真正的样子。我从书中得到太多待人接物、关于自我的知识，也想当然地以为我就是这样的存在。然而纸上得来的、被虚假信念和金色的雾所包裹起来的那个我，其实是脆弱的——她在爱的人面前，不堪一击地碎掉了。

每当我在指责他的时候，也会想，难道我的人格就是完美无缺的吗？难道在这段关系中，我又是肩上无尘的吗？我的“爱屋及乌”的想方设法融入对方朋友圈，难道本质上不是控制欲作祟想要将对方的一切掌控在自己手中吗？这种“无微不至”，难道不是打着“为你好”的幌子让对方感到窒息的爱吗？这真的是爱吗？还是只是自私？

痛苦逼着我去反思，去含着泪把摔碎的自己拼起来。这个被重新拼起来的谢仁慈，虽然有了裂痕，不再那么光鲜亮丽，但我知道她是真实的、是坚固的。

在爱情里，你若不懂他的癫，那你只是个路人。以前我总会盯着他看，从眼眸到灵魂，他问：“你在看什么？”我总摇摇头，想起廖一梅说：“人这一生遇到性、遇到爱都不稀奇，稀奇的是遇到了解。”

其实我深刻的明白那种孤独与人存在的偶然性所带来的无力感，只是学会了如何与他们和平共处。我想我是懂他的，所以对他的选择，我永远没办法去苛责，可我，也没办法一味忍受——我们到底还是分手了，像以往每一次那样，我单方面指责，他不出声。到最后，他说：“我始终觉得我是值得被爱的。”我承认：“是啊。你是值得被爱的。”可，我也始终认为：去爱才是比被爱更具有挑战、更需要勇气、更重要的事情。因为被爱是接受，而去爱却是付出，只有富足的人才会去给予，如弗鲁姆所说："而如果不能真正勇敢的、真诚的、谦恭的、有纪律的地去爱他人，那么人在爱情生活中永远不会满足。"

可有的人想要的就是不满足。他们认为爱情里的不满足是生命的自由与激情的重要来源之一，需要无时无刻地陪伴，也需要新鲜感。但对一个人保持长久的新鲜感所需要的时间、经历成本比换一个人的新鲜感所需要的成本多得多，理性的、经济的人肯定会选择低成本以达到同样的收益。可人心该如何用经济学一点点准确的去度量？感性比理性更高贵，就在于它让我们每一个人成为独一无二的自己。生命的激情与新鲜感应当更多的是通过自身不断地努力寻找和用专注、热情去培养的。但说到底，这其实都是用个人选择以克服人生的无意义、不确定与孤独感的方法，并没有高低贵贱之分，都是自个儿逗自个儿玩。普遍认为，陪伴是克服孤独感最方便、有效的方法之一。只是我总会疑惑，当人拥抱一具与你灵魂没有交流的肉体时，真的能够忽略孤独吗？还是感到更孤独？

当我们谈论爱情时，其实我们都是在谈论自己。以前一个喜欢他，但和别人在一起的姑娘写邮件跟我说：“爱有两种，一种是和他在一起，一种是希望他好。我是后者，不知道你呢？”我回：“在我这，爱就要在一起。因为即使我不爱了，也希望他好。”

我们都还年轻，生命还很长，总会遇到很多人然后和他们分开，并没有对错之分，只是在我们不同世界观的指引下，所想要的东西也不一样罢了。爱情于我而言，不仅是激情、快乐、亲密、无时无刻地陪伴，它更是承诺、责任、担当和不离不弃的契约。事实上，我一直都是个理想主义者，但并不是玻璃心。

我想起我们在海边手拉着手奔跑，也想起自己独自在雨后的清晨失声痛哭；想起他眉飞色舞的样子，也想起他低着头一言不发的神情；想起那些一起吃饭的日子，也想起许多相隔千里万里的漫漫长夜。我想起自己一边假装大度时，也在一边小心翼翼地试探；一边假装无所谓时，又对所有的事情耿耿于怀；一边说着爱屋及乌融入他的朋友圈时，也一边试图通过朋友去控制他。快乐是真实的，痛苦也是啊。情爱里无智者，谁又肩上无尘呢？

和他在一起的这两年，我看到自己性格中的自私、虚荣和无所不在的控制欲，看到自己所缺少的孩子气与专注。缺点就努力改正吧，缺少的东西就去学习吧。如果我们不努力发展、完善自己的人格，那么每段爱的尝试都会失败；如果我们是不成熟的，那么爱更多的是在伤害。时间还很长，我们总会学会如何去爱一个人；时间还很长，我们总会遇到那个和自己三观相合的人；时间还很长，我们总会明白谁是自己最爱的、最适合的人；时间还那么长，男人那么多，女人又那么多，谁怕谁？

“爱，原来是一场自我教育。”[1]

---

[1] 引自木心《世界文学回忆录》。

关于成长

特殊儿童学校

一个拿着拐杖的大姑娘想说的

恋爱、追星——都是场伟大的自恋

我们为什么要阅读文学

二十岁的自白

特殊儿童学校

< 写在前面 >

这篇文章写于十六岁，时任都匀一中学生会主席与志愿者部部长。彼时母校与特殊儿童学校有帮扶活动，故常去此地与小朋友们交流。期间所见所闻让我印象十分深刻，内心其实并不好受，写下此篇是为纪念也是抒发自己内心的情感。现在看来，文字虽矫情且幼稚，但却是保留了最早关于特殊儿童教育的思考。想起来，这次经历是成长过程中不可忽视的事，也与我现在十分关注特殊教育与融合教育不无关系，故收纳于此。

学生会计划好久终于踏上了去特殊教育学校的路途。这个“特殊”是指的一些听不到的，不能说话的，或许还看不见的孩子。

特殊教育儿童学校非常偏僻。在离市区挺远的地方，郊区，人烟稀少。据大熊说，当初来找这个学校，他爸爸开车载着他经过学校的门口三四遍，硬是没看到，最后是到镇里问了人，下车一步步走才寻得的。

站在学校的门口，门是锁着的，两扇铁门被生锈的铁链拴在一起，锈迹斑斑。去的那天是周末，孩子们在操场上玩耍，一些拥有视力的孩子看到我们这些陌生人都纷纷停下来，站在远处打量，无一人敢上前。登记完名字走进校园内部，所幸，这里绿化好基础设施都不错。

世界是一个巨大的孤儿院，人人都孤独。

但是，特殊儿童学校的那些孩子更甚。他们之中有些看不见，虽然学习盲文，但盲文书籍是非常匮乏的。聋哑的孩子因为无法与正常人交流，及时地获取信息，所以他们在与我用纸笔聊天的时候，总是一些破碎、词不达意、不符合逻辑的句子。他们所有人，在那个基本与外界隔离的学校，不能以阅读的方式去获取更多的知识与信息。那里就像是一个孤岛。

在后来的几个小时里，我接触了他们其中的一些盲童，在本该天真快乐、笑靥如春花般绽放的年纪却成熟懂事得让人心疼。只要你主动去找她们聊天她们就会立马回应你——对交流的渴望。可是这样的渴望带着深深的自卑，最初自己用再温柔的声音与她们交谈，她们都会如幼兽一般低着头小心翼翼地用轻得几乎听不见的声音回答。

盲童对于知识有着我能理解的那种执着。朝阳、倩倩、小铅是我较为熟悉的盲童。她们的视力非常的弱，但是还能看到一点点。于是，他们把我写字的本子近近地凑在眼前，想知道我写的是什么，虽然她们大多都是看不懂的。带来一本杂志，上面有着大幅的图画。他们趴在桌子上鼻子几乎要与桌子接触地“阅读”，让我感到无比的心疼。

作为一个同样特殊的姐姐，我很能理解他们。刚失去右脚的时候我非常的自卑。这样的自卑是源于自身的不完整，与他人的不同。于是我长时间沉默，不与他人交谈——除大人外小朋友很少搭理我。每天搬着小板凳坐着晒太阳，看神仙过路，看其他小朋友疯玩。其实我比儿童学校的孩子要幸运得多，因为后来我学会了去阅读。阅读是最好的朋友，这一点不管过去多少年我都不会忘记。后来我逐渐明白，我必须要去接受生命中那些注定残缺的部分。于是那个孤独沉默、桀骜恣睢的小女孩变成了今天这个样子。

学校里的孩子们都是一样的，我想他们也许会有许多共同语言，能在一起玩耍。可是那样的交流带有深刻的局限性，而且不能大量地阅读是一件多么遗憾的事。我不知道她们长大了要走出学校，该如何是好，该如何去面对。

但当我问起倩倩的梦想是什么的时候，她低下头轻轻地说，老师也问过我这个问题但我不敢想。我顿时感到说不出的心疼。

她们的视力在逐渐地减弱，也许有一天会完全看不见。到那时候，会真正地生活在一片黑暗之中。

胡主任在这个学校工作了三十多年。他问我，你觉得你可以做什么？我没有回答。他又说，其实你来陪着他们玩，与他们沟通交流，就是最好的了。

和小朋友们熟悉之后，他们会围着我讲话、做游戏，叽叽喳喳地吵闹着，必须要有足够的耐心。只要去到那儿，就要拿出性格中最开朗、乐观、有趣的一面。要不断地说话，与他们交流。通常这样一天下来会感到精疲力竭、口干舌燥，但心里还是挺开心的，与他们在一起的时光都变得绵长。

我想我会经常去和他们玩的，因为那样的孤独我也深刻懂得。

一个拿着拐杖的大姑娘想说的

<写在前面>

十八岁生日那天，我正视了自己的残障，并写下这篇关于残障的反思文章，原名是《十八，我想说》。现在回头看，有种复杂的情感：一方面欣慰自己在十八岁时就有了关于自我的反思，另一方面又为其中那种“为看得开而看得开”的故作云淡风轻的气息而感到好笑。隔着文字和数不清道不尽的回忆与往事，我都能看到十八岁的谢仁慈一脸恣睢的样子。

十八岁那个中二姑娘拿着拐杖，二十岁的她用着撕开了包装的假肢，以前是个“小姑娘”，现在成了“大姑娘”——但还是一如既往的“二”。倒是现在的她能够坦然面对自己失去的东西，也能坦然接受别人的帮助——因为知道自己接受了善意,也将付出善意。现在的她,对于别人怎么想怎么看,激励的也好,感动的也罢,已经不在意了。

她说:“我的存在如果让你感觉很棒,那很好;如果感觉不好——那憋着吧。”

现在我十八岁了,终于成了完全行为能力人,可以承担相应的民事责任和刑事责任,享有选举权和被选举权,最重要的是我可拿着自己的身份证大摇大摆地去网吧了……所以挑一个这样别具意义的、有纪念价值的时机,我有一些憋了很久的话想要说。

我长这么大,最讨厌的就是以下这几句话“你很坚强,我好佩服你”“你很勇敢,我要是你我就……”“啊,你怎么可以×××?!”……四岁的时候出车祸失去一条腿实非我愿,社会公众觉得残疾是不好的、是非常糟糕的,事实也的确如此,没有人会愿意有这样的残缺。不过既然已经失去了右腿,我也不会怨天尤人,因为不能接受生命中无法改变的事情是一件很愚蠢的事情。我并不否认社会把我归为“残障人士”这一块,可我从来没把自己当作所谓“残疾人”。我从小自己选择自己想做的事情,读小学、初中、高中、大学，和大多数人没有什么不同。对我而言拿着拐杖就像带了一副眼镜那样，辅助工具而已，只是我比较苦逼，又戴眼镜又拿拐杖。

类似《知音》这种妇女杂志和其他一些报刊最喜欢描写“身残志坚”的故事，某残疾人身残志坚 balabala，最后努力学习考上哈佛/北大/清华；还有网络上的一些图片，例如一个失去双腿的男子在游泳池旁边，配言是“生活中唯一的残缺就是消极的人生态度”……上演着一出出“情色励志片”。所谓“情色励志片”就是出于一群人的利益而将另一群人——残障人士物化，让他们成为激励、鼓舞那些非残障人士的“物品”，当他们看到这些图片的时候会想“无论我的生活多么糟糕，还有比我更糟糕的。还好我不是那个人。”很多人曾对我说，“仁慈，如果我是你，我一定无法接受，我一定会……”每当听到这种话，我都会哭笑不得。万千世界，各自有各自的活法，过好当下，不要去假设那些不可能的事情，也不用如此表达你所谓的“钦佩”。你以为是赞美，但在我看来，不是。我并没有做出什么高于一般人的事情，只是单纯地，这样活着。

这种“情色励志片”的泛滥与物化的结果就是导致许多人，并不是全部，认为残疾人都一定要优秀，要学习好。

所以，我从小，就有各种各样的人看到我之后，惊讶地说“啊！你好坚强，你学习很好吧？”我否认的时候，还往往被一句“你不要谦虚”给堵得说不出话。事实上我学习不好，我从来不是标准意义上的好学生，数学、物理、化学、生物极其差，经常不及格，也会去网吧，也打架，也曾看一些没有任何内涵的言情小说……对了，还喜欢自拍，我和所有我这个年纪的女生一样，甚至比她们更调皮不羁。你要知道，残疾不会使一个人变得优秀，残疾也不代表着

她要成为激励你们的对象。

还有些令我觉得好玩的事，人们会因为一些小事记得我，比如我和大家一样爬个坡上个楼去上课，他们就说他们记得我了，我很了不起，很勇敢……就因为我去爬个六楼上了个课。重庆晨报曾经想要采访我，我几乎都可以猜得出那个报道的题目，大概是什么“宝剑锋从磨砺出，梅花香自苦寒来”之类的……我果断拒绝。其实一开始我也没有接受校报的采访，因为我讨厌这样的“标签化”和“物质化”，仿佛我这样的存在，依旧乐观的态度会给你惨淡的生活带来一丝曙光似的。“啊！你看她没腿了都那么开心，我有什么理由不过好呢？”听着，我活着不是为了给你看，我，还有可能和我一样的其他人，都不

是鼓励你们、激励你们的产物。如果你这么想，那对于残障人士这个群体来说，是不公平的。正如莎士比亚所说：“我们要赞美那些令人心碎的力量，那些人人都有的光荣残障，当你们用刀剑刺我们，我们不是也会流血吗？”

我很多时候都不会觉得自己是个残疾人，往往都是这个社会和他人的眼光让我觉得自己是个残疾人。许多人对于我会打羽毛球会游泳表示惊讶“你居然！可以！”不用觉得我很勇敢很敬佩我或者很惊讶，我并没有做什么非比寻常的事，我只是最大限度地发挥我身体的功能，去做自己想做的事，就是这么简单。我热爱生活、热爱生命、乐观地活着和我少不少一条腿毫无关系，我好好学习和我少不少也一条腿毫无关系，我去西藏和我少不少一条腿更是毫无关系。如果有一天我做了其他的什么，也请不要说“她少了一条腿还这样。”大家都是人，何必呢，是不是？

收起你的同情，我不需要。残疾对我而言已经不再是一件多糟糕的事情，它不会使我与众不同，也不会使我优秀，但是，它会让我去质疑，去思考，让我进步。

十七岁这一年，我考上了十六岁时最想考的大学，去了十六岁时最想去的地方，见了十六岁时最想见的人。

不仅如此，生活还给了我一个惊喜，在它的尾声，遇到了一个生命中很重要的人：他把我作为一个独立的个体尊重，把我当作最亲的人疼爱，最难能可贵的是我们够懂得彼此。遇到他是十八岁最好的礼物。

十八岁生日，再容我嘚瑟一下多许几个愿望：

我希望所有我爱的，爱我的人都好；

我希望你认可我是因为你真正了解我，而不是所谓的“身残志坚”；

我希望在这个社会里，有一天人们不再戴着有色眼镜去看残疾人，残疾并不意味着特殊；

我希望以后不要有人因为看到我背一个包、手上提一个袋子、拿着一根拐杖就想要帮我拿，我会拒绝，毫无疑问。当然如果你想帮我仅仅是因为我是一个漂亮的十八岁姑娘，我或许会考虑接受，哈哈。

感谢妈妈给我生命，爱和自由；

感谢默默关注，明显点赞，一直陪伴的你；

感谢每一次遇见。

恋爱、追星——都是场伟大的自恋

二十世纪以来，追星一族逐渐开始声势壮大。从东方神起到EXO，从香港四大天王到内地四小花旦，走马观花应接不暇。最近特别火的杨洋到重庆拍戏，朋友圈成了“羊圈”——我几乎在各个地点从各个角度近距离地看到了杨洋。还有窦靖童，一位平常十分冷静理智很少笑的师姐，在拿着手机看到她照片时，都无法自控地上扬嘴角，然后扭着身子对着手机屏幕甜甜的喊一声“老公……”，与王小波写给李银河情书里的“一想起你，我这张丑脸就不禁泛起了微笑”有异曲同工之妙。

人为什么会去追星？记得某报采访吴亦凡问：“你知道为啥那么多人喜欢你吗？”他答：“不知道。”有人吐槽：“脸啊！”颜值的确是影响是否追星的因素，但对于那些狂热的、专一的“亲妈粉”来说，它不是唯一的，甚至不是最重要的。就像在恋爱中，对方吸引你的不会仅仅只是一张脸。我发现，无论是选择恋人还是偶像，可能都有一

个同样的因素在潜意识中影响着我们——对自己缺失部分的渴望。

《会饮篇》里诗人阿里斯托芬说:“人一开始是完整的,但后来被神劈成了两半。”为了圆满,从此各自寻找——寻找的是那个失去的“自己”。如此,所谓的soulmate(灵魂伴侣)是缺失的那半个自己,爱对方其实是爱自己,而对自己的爱,就是自恋。弗洛伊德在《论自恋》里将自恋定义为“自己对于自我投入力比多的状态”,是病态的。但科胡特在《精神分析治愈之道》中修正了自恋的概念,认为自恋并不是病态且“它是力比多的本质,或者说是人类的一般本质。”每个人都自恋——你说你自卑?自卑是源于对理想中那个完美自己可望不可及的挫败,那么其实在理想中,自己还是完美的,是不是贼自恋啦?不过自恋也没什么不好,爱自己,想要了解自己才会去寻找、去创造。往远了说,是木心在《世界文学回忆录》里写的“整个人类的文化都是自恋文化。”往近的讲,是前天我嘲讽已连续失眠个把月的朋友“二十来岁的年纪不是为小姑娘失眠真是一件令人悲伤的事。”当时他不要脸地回复:“我觉得小姑娘为我失眠才是正常的,为小姑娘失眠?美得她。”——好玩。

恋爱、追星都是自恋对缺失部分的寻找。有人喜欢科比，喜欢他打得一手好篮球，喜欢他的奋斗与在球场上的风姿；有人喜欢吴亦凡，除了一张帅脸，还有“恋旧的性格”和“爱妈妈”；有人喜欢杨洋，除了“一张真的很帅还没整过的脸”还有他“陌上人如玉，公子世无双”的气质以及他温和、隐忍又充满力量的性格；有人喜欢窦靖童，则可能是她那瘦弱小身板里带着的一股桀骜不驯又风轻云淡的气质——承认吧，那些也都是你想要的。不过缺什么，想要什么，到底缺还是不缺，只有自己知道了。追星此事古今中外都有，现在尤为明显和疯狂得益于互联网——信息传播更快捷、更方便、更广阔。几百年前谁知道在“蛮夷之地”还有令人疯狂的“抖森”？我赌五毛钱互联网出现后离婚率都提高了。有时候你觉得明明“不相配”的两个人就是在一起了，而且还觉得对方天上有地下无，此生不换那种。想起以前看《恶作剧之吻》，不懂江直树为什么偏偏喜欢袁湘琴，现在似乎懂了：虽然江直树是99分而袁湘琴只有1分，但只有拥有袁湘琴那1分，江直树才是完整的。至于为什么偏偏只是袁湘琴——我想那就是我也搞不明白、看不清楚的爱吧。

李银河写过：不爱任何人最自由，爱就是不自由。我一个人时非常自由，但轻飘飘仿佛要飞起来，没有真实感。爱上他之后，难免不自由，却因另外一具身体的重量而紧紧贴近地面，才有了正在活着的真实感。他是我缺失的那一半，只有在他身边我才是完整的。至于为什么偏偏是他，我也不知道。这就是命吧。爱没有配不配，也没有合适不合适，在一起感觉彼此都完整了，这就是最好的状态。

关于“自恋”“缺失”和“寻找”，能写的太多，一本书不至于，但一篇论文该是够了。人生百态，以上也只是我个人暗戳戳地揣摩。正视自己，是这世界上最难的，也是最值得做的事情。希望大家都能知道自己“缺失的”，并且找到“他”。

啊，这真是一篇自恋的文章。

我们为什么要阅读文学

“我们为什么要阅读文学？”这学期第一节英美文学课上，老师这么问我们。

这让我回想起了一件同样让自己深思这个问题的小事。那是一年多前，作为“问题学生”的我在辅导员的办公室与之交流，当辅导员老师问我平常在干什么时，我说：“读书。”他回：“看这么多书也没见你成绩好啊。”他又问“平时都读什么书？”，我说：“《安娜·卡列尼娜》”“那之前呢？”“《红与黑》《罪与罚》，有时看看哲学的书。”彼时，他糟心地看了我一眼，说：“你看这些书都有什么用？”我没有回答，但其实那瞬间我比他还诧异。时至今日，又有一位老师问了我同样的问题，可我心里明白，这两者是不同的。前者是来自现实主义的批判与质疑，而

后者则是源于理想主义的自问与反省；前者是为了让人“重回正道”的痛心疾首，而后者是为唤醒灵魂纯真的交疏吐诚；前者

于我，是不屑与之争辩的“不相为谋者”，后者于我，则为愿与之一吐为快的“相见恨晚人”。

“我们为什么要阅读文学？”我也常常这样问自己。答案出现在每个抬头仰望蓝天感受阳光洒落脸庞的眨眼间，忽明忽暗；出现在每个漫步在树林感受生命气息萦绕的呼吸间，忽深忽浅。以往，总笑称文学与哲学一样，同为“无用之学”，可现在，却想认真地为之正名。文学真是无用的吗？不，这世界上没有什么是绝对无用的，只是对于不同的人，它的价值有所不同。于我而言，这是无价之宝。

当我们问“阅读文学有什么用？”本质就是在问“文学可以带给我们什么？”其标准答案古往今来莫过于一句“腹有诗书气自华”。但“气质”此物过于缥缈，出于多年来的阅读习惯和经历，私以为文学能带给我们最大的

价值之一，就是拥有“同理心”，即“共情能力”。是的，当我思考文学的价值所在时，在纸上写下“宽容”“理解”“体谅”，但转念一想，这不就是“同理”与“共情”的肢解吗？那么，同理心与共情感又有什么用？往大了说是能更加设身处地知人所想，有助于社交能力的提升；往小了讲是增加自己内心的包容度，不至于活成一个狭隘的人。

《安娜·卡列尼娜》用一句话来说就是：一个女人出轨丢夫弃子的故事。当你听到这里，八成会想，臭婊子真不要脸。但如果把这本书全部看完，才会明白安娜内心的斗争与拉扯，爱情与痛苦。这不再是一个简单的出轨故事，也是一个为爱情牺牲的女人。面对丈夫，她难道没有羞愧吗？有的，她时时都在饱受内心的煎熬。面对儿子，难道她不曾痛苦吗？她每时每刻都在为儿子揪心，都在为儿子祈祷。对于安娜最大的折磨莫过于她选择了爱情的同时，也选择了背叛上帝，所以她认为儿子所遭受的病痛都是上帝对她的惩罚，能有什么会比一个母亲看着儿子为自己受苦更剜心？那她为什么要出轨？因为这婚姻本身就是包办的，而不是自由的选择。我想遇到渥伦斯基之前她不曾见到爱情，与他在一起之后品尝了爱情，在爱情即将消灭之时也选择了在初次见到渥伦斯基的车站卧轨身亡。如此，还忍苛责？或许你又要问我，那倘若事事都能理解，都能体谅，道德的底线在哪里？——是法律。这也是一个热爱文学的少女三年前选择了法学专业的原因。感性需要理性的约束，理性也需要感性的柔软。一个共情能力泛滥的法官是不可想象的，但一个只有冷冰冰的理性判断的法官也同样令人难以接受。

始终认为读书是一件私密的事，也是一个不断与自我对话的过程。但读书基于人生体验，有共同的在乎点才可以开始对话。如十五六岁时我读茨威格《一个陌生女人的来信》会泪流满面，读《不能承受的生命之轻》却始终无动于衷；二十岁的我重读昆德拉《一个陌生女人的来信》只有深深的叹息，重读《不能承受的生命之轻》却觉得惊心动魄。读文学可以得到共情能力不是必然的，甚至也不是大多数的，它只是为共情能力提供了一条路径。你没有出过轨，但你可以理解出轨女人的内心挣扎，而事实上却不是所有女人的出轨都像安娜那么高尚；你没有在两个女人之间徘徊，但你可以明白在红玫瑰与白玫瑰之中徘徊的男人的感想，而现实中也不是所有男人都像托马斯那么深邃；你没有为权势摇摆争取过，但你可以理

Celebrity Chef & Restaurant
法国 French Food
美洲 American Food
中东 Middle Eastern Food
亚洲 Asian Food

解那些为权势罔顾生死的人的内心想法，而并不是所有的追权夺利者都似于连那般率真且可爱；你不是萝莉控，但你可以明白萝莉控内心的想法与过往，而本质上这样的情怀依旧要被法律所制裁，也不是每个萝莉控都像亨伯特那样文质彬彬压抑又文采斐然。余不一一。

没有共情能力又怎么样呢？大概就是容易狭隘，偏激，自我过了头，做事情不考虑后果吧。复旦投毒案的犯罪人林浩森在接受央视记者董倩采访时说，在事发后的十个月里，他唯一做的事情就是读书，读的全是经典文学。“我觉得我以前读那些理工科的太多，这方面读得太少。我感觉我的思维太直，不懂拐弯。有时候不考虑事情的后果……读这些书，有个潜移默化的过程。”在遗书中他也写道：“让弟妹多读书，不会错。”当然，并不是每一个不读书的人，并不是每一个没有共情感的人都会走向犯罪的道路，只是多读书，培养共情感，能让自己更加宽容豁达，避免走向狭隘与偏激，避免成为那些在网络上高喊“通奸都该抓起来”、学生被杀就说“活该你去外国”、见别人与外国人结婚（出于嫉妒心与自卑感）就谩骂的网络暴民，同时，也能够多考虑别人感受。

同样，我也认为，共情能力虽然是阅读常带给人的一项技能，却不是最重要的，事实上它或许也将带来一些难以承受的“生命之轻”。过多的共情感需要强大的内心来予以支撑，否则容易沦陷至自我情感与他人痛苦中，难以自拔，终导致自我幻灭。对我而言，克服这样的弊端的方法就是阅读哲学和学习法学，让感性之思得以约束，让自己不至于飘起来。阅读经典文学最重要的是给予我对美、对生活的体验与感受。当看到房价猛涨时，我总想起梭罗的《瓦尔登湖》中“居所”章节，思考什么才是生活的本质；当遇到一个喜欢到无法自拔的人时，心里浮现的是叶芝那句“far-off，most secret and inviolate rose.（你是我遥远的，神秘的，不可侵犯的玫瑰。）”

阅读文学让我学会自省与共情，学会宽容，而最重要的是教会我如何去真正地感受美和永恒，让我才有眨眼间的思索，呼吸间的冥想和不知所谓的自得其乐。是的，阅读，阅读文学让我快乐，虽然有时会痛苦，但更多时候是快乐，在每一个眨眼间，每一个呼吸间与每一个当下。

“我们阅读文学，是为了成为一个更好的人。”我这样回答。

二十岁的自白

谢仁慈二十岁了。这一天我似乎期待了很久，当它真正来临我好像又不是那么欣喜若狂了——这是一种很奇怪的感觉。但从凌晨开始陆续收到亲人、朋友的来信和祝福，那种“我在被许多人爱着”的感觉越发强烈——大概只有被爱着的人才会期待每个即将到来的生日吧。感谢你们！

从十六岁开始，每年生日都会写一篇文章来说明我在一些问题上的观点和想法，现在回过头去看，有些观点我已经不再赞成，而有一些观点在否定之后，又去践行证明而重新支持，变得更加的笃信。“纸上得来终觉浅”是真的，“得知许多道理却仍不好过这一生”也是真的——因为大多数人只是看到道理的表象，而从未去探求它背

后真正蕴意和力量。并且，从别人嘴里得到的道理来之太易，自然也不会重视，它们不会成为你生活的指向标，你仅仅是知道了而已。最重要的是，其实大多人并不想改变，他们也知道自己的状态很糟糕，却找尽了一切借口来拒绝改变。

从十五六岁起就开始有意识地记录自己的想法和心情从而反思，到现在已经成为一个不可更改的习惯。很早之前我就开始想生日该讨论什么，生死？婚姻？个人？理想与抱负？直到昨天夜里，猛然想到，我该谈谈自己，该有一个对过去二十年历程的反思——是二十岁的自白。

总有朋友问“你今天怎么笑得那么开心？发生了什么事？”我总回答：“没啊，我不是每天都这样吗？”以前总觉得是自己收获很多善意所以快乐，后来看到另一个同样收获很多善意与爱的朋友总是抱怨自己“不幸福”“不快乐”时，才发现，比起“收获善意”，“对善意的敏感发现与感谢”才是我快乐的真正原因。有一个保持了很久的习惯：每天会写下五件让我感恩的事情。翻翻过去写的，例如“感谢姑姑做的酸汤很好吃”“感谢今天欧老师有趣的课堂”“感谢天气很好，能躺在在草地上看书睡觉”“感谢今天师兄师姐拿出时间来陪我聊天，很愉快”“感谢今天男朋友学习很忙还抽出时间陪我视频聊天”云云，对很多人来说可能是微不足道的小事，但我总会写下它们。这个方法是矫情了些，但却很有效——我是一个幸福感很高的人。曾经说过，其实并不想当所谓很厉害的人，我只想当一个生活的有心人——留意生活中的善与美，珍藏每一个细小的感动，而不是让它们像从来没出现一样飘过。

“你总是收获善意吗？你难道就没有看到过人性阴暗的、不堪的一面吗？”——不，当然不。四岁时出车祸，性格乖戾，小时候是讨人嫌的孩子；八岁父母离异，种种事由闹得家破人亡父亲锒铛入狱，一时间我几乎是流浪的儿童了。我只身一人踏上旅途，也总不可能遇到的都是好心人，难免也会有居心叵测之徒；二十年来，难免也会被人性丑恶的一面对待——当我写到这里，回想，却发现我总记得美好的事情，而那些令我难受的，却从没有在我心里长久存留。

我们都是活生生的人，会快乐当然也会痛苦，这两种情绪缺失其中一个，都是不完整的。微笑和流泪，都是我们生而为人的权利。而我想自己与他人不大相同的一

点，就是消化痛苦的能力比别人更强。当一件不好的事情发生时，我会做的第一件事从不是抱怨或者发火，而是反思、分析事情为什么会到此地步，我又从中得到了什么教训。反思结束后，那些令人不快的事情都会被埋在心里被我吸收变为养料，它们最后会消失无踪，只见茁壮成长的我；而留下的教训，也会一直留在心里，时时警醒自己。

我从来都把这些能力和品质归结于读书，可在最近翻阅的书籍中发现，原来在我懵懵懂懂的时候，母亲就以心理学和教育学中那些良好的方法在对待我、养育我。母亲家里贫苦，很小的时候就辍学，她是没看过这样的书

籍的，而让它们殊途同归的缘由，除了爱，我想并无其他。小时候总是愤愤不平，总觉得自己是“孤苦无依”的，最近这两年才慢慢发现，即使父母离婚了，也并不妨碍他们对我的爱。特别是母亲，当我回头去看那些在一起的时光，发现我乐观、善良以及不抱怨的这些品质都从她身上学习而来，被潜移默化地影响了二十年。她永远相信我，却不是盲目的，而是和我一起分析如何达到目标；她永远支持我每一个深思熟虑之后做下的决定。她永远说，教育是最重要的，所以妈妈不管怎么样都会让你读书。她还说：“家里并不富裕，还会攒钱让你一个人去旅行，是因为妈妈知道你不仅仅是去玩，而是去看更大的世界，去感受。眼界，是你这个年纪最重要的东西，见得多了，自然会宽容，自然会豁达。”我妈也是五十来岁的老阿姨了，可能是因为心态的缘故，她看起来很年轻。但是，随着我的成长与思想观念的改变，在许多问题上我俩也难以达成一致了，她也会有一些不是那么好的地方，但这又怎么样呢，因为我爱她，所以爱能把这一切给抚平。常年在外，我很少想家，因为我知道不管我走多远，不管这个世界会变成什么样，我妈会永远爱我，我也会永远爱我妈。

第一次见面的朋友送我去机场，离别时我安检走了一半又跑回来抱了他一下。后来他发信息说，你走的时候我就有预感，你会抱我一下。嗯，是啊，我天然地喜欢所有人，除非他实在令我失望。其实我对这个世界兴趣并不大，但也不妨碍我兴致勃勃地活着——这很矛盾，却是真的。有多少人喜欢我，就有多少人讨厌我。在喜欢我的人眼里是“积极向上的冲劲”，在讨厌我的人那儿就变成了“一意孤行的清高”。但这又如何呢，大部分人怎么想，其实我并不在乎。总有人说：“你总是活在自己的世界当中。”我却想，这总比连自己的世界都没有好吧？如果一个人没有做好自己，我很难想象他能去帮助别人，所有付出的前提都是拥有。一个人只有把自己的世界修缮好，才能去感染别人的世界。

十九岁这一年，去了新疆，更加笃信善是超越意识形态的。

十九岁这一年，回了西藏，如愿在冈仁波齐转山。

十九岁这一年，回了山东，终于又见到挚友。

十九岁这一年，万水千山，我爱的还是Q。

二十岁说些什么呢？我想说的太多太多。我停了很长时间没有再写作，一直在寻找一个恰当的时间点，重新开始，把写作当成一种习惯。虽然都是平常的一天，然而人不仅仅是一堆碳水化合物的组合，是因为我们都在寻找意义，虽然本无什么意义可言。

二十了，你要继续勇敢地生活下去，我相信你，心里或许会有阴影，但眼里永远不会有阴暗。

感谢所有遇到的人，感谢所拥有的、失去的一切。

关于自由

我为什么要去拉萨

谈谈女性的自由

写在去新疆之前

思考使你自由

自由真正的样子

我为什么要去拉萨

< 写在前面 >

本篇作于丽江的束河古镇，那天得知自己被西南政法大学录取，一切终于成埃落定，准备动身搭车前往拉萨。这是对高三的总结，也是对旅行的最早思索。有了这一次疯狂的旅游才有了后来的反思与成长，这也是自我认同与成长的最初地方。故虽文笔幼稚，但除个别错字外，未对内容做太大改动，慎重收纳于此。但必须提醒，滇藏一行路况十分凶险，在路上时遭遇滑坡与泥石流乃是家常便饭，若执意上路，必须做好周全打算。

已经忘记了什么时候想要去拉萨。初中，想过。高一，想过。高二，想过。对拉萨的渴望最热烈的时候是高三。那是一段对我而言刻骨铭心的时光，每天我只有一件事要做——学习。我可以每天七点到学校读英语、背单词，晚上十一点半看完最后一张知识结构，学校熄灯再背书包回家。我从来不是聪明的孩子，高一、高二也玩得太狠，结果就是高三要比人家付出更多的努力。我可以不回家，我可以下

课不休息，我可以所有眼泪都往肚子里咽，我可以一次一次被数学打击，自嘲一下再站起来。毫无疑问，每天做同一件事情会腻、会乏味，斗志会在一天天的重复中消磨。高三时睡眠不好，每天夜里都惊醒，入眼的是一片黑暗，问自己，在哪里。

我是一个渴望出走的人，每当我行走、坐车，离开长久居住的地方，心里就会升起一种无法言表的愉悦。高三我无法离开，每天困在家和学校之间。内心有一只沉默的羔羊，每当黎明时总是在呼唤我的离开。这时候，需要一个目标，无关学习，成为我每天的热情所在。离高考还有三百天的时候，我决定，高考完我要去拉萨。每天叫我起床的不是闹钟，而是梦想。每天早上睁开眼，不是“高考又接近一天了”而是“太好了，离去拉萨的日子又少了一天”，至少高考倒数的那三百天是这样的。

去拉萨，是一个目标。我小时候出车祸，失去了右腿。从此与拐杖为伴。无疑是不幸的，我最讨厌的不是骂我，而是用同情怜悯的目光看我。我在大理遇到一个姐姐，她说：“小谢需要的不是同情，而是平等。”是，我从不需要同情，我也从不比任何人差。少一只腿并非我愿，但是不能接受生命中无法改变的事是一种愚蠢的行为。

我以前一直在证明自己，做一些事渴望得到别人的肯定。后来发现，我活着其实不需要别人的肯定，我只需要活出我想要的样子。在很多人眼里，我乐观、自信、热情；但是否真的是这样？当我离开我固有的圈子，爱我的妈妈、关心我的老师、对我很好的同学不再陪伴，我会是怎样的自己？我在《转山》中看到一句话，触动颇大。

> “你以为只要跨过这一步，生命将有所不同，当跨过这一步，你或许就不是你，而是另一个真正可去冒险和犯难的人。”

褪去那些伪装，那些来自内心最深处的自卑，会是怎样的一个谢仁慈？我是否可以去冒险，去犯难？希望有人陪伴我上路，在长时间的拉锯中发现，我不能以我自己的喜好来要求别人，特别是朋友。以往我总是以我觉得好的方式对待别人，却往往忘记别人是否需要。别人喜欢苹果，如果你塞给他一车梨子，他不会感动，因为他喜欢的只是苹果。在我的自以为是与不成熟中，伤害了朋友。一个大哥说，出来旅行是不会那么轻易地改变一个人的，但是会使一个人成长、成熟。对，我来了，当我遇见更多的人，一些心性会改变。不再幼稚、不再固执，妥协也无可厚非。不是没有人愿意陪我去拉萨，但我都拒绝了。

这条路，是我自己的选择，灵魂只能独行，我也不再需要陪伴。每年都会有很多人去拉萨，徒步、骑行、搭车。我并不孤独。

“我们在黑暗中并肩行走，走在各自的朝圣路上，我们无法知道是否在走向同一个圣地，因为我们无法向别人甚至向自己说清心中的圣地究竟是怎样的。然而，同样的朝圣热情使我们相信，也许存在着同一个圣地。”周国平如是说。但我相信，如果真有一个圣地的话，那是拉萨。2014 年是西藏的白马年，我会去转山，去祈求我爱的

人一生平安。我是一个很矛盾的人，不相信命运与来世，但也会为转山的作用而倾心。我内心一直缺少一种令我笃定的信仰，我妈妈信佛教，或许受她的影响我对佛教感兴趣，但佛教本身的魅力也不可否认。我不信，但我会去看佛经。里面有些观点我持相反态度，但更多的也道出了我相信的、我笃定的东西。比起中原的“大乘小乘”，我对藏传佛教的“即身成佛”更加有兴趣。这也是我要去拉萨的一个原因。碧水姐姐说：“你为什么那么执着于形式？搭车去拉萨呢。”我不是执着于形式，而是在长途的颠簸、迷失、断联中，我能更加明白自己，当失去很多东西，我才能看到最真实的自己。而且，我也一直一直在寻找自己的边界。其实说到底，我不过是在追逐一个更加强大的自己。宗教于我而言不是必需，宗教和哲学都追求信仰，但哲学虽追求信仰，却永远不会在同一个信仰上停留下来。如此而言，我会更喜欢哲学。哲学是爱智慧，知识关乎事物，智慧却关乎人生。“实践是检验真理的唯一标准”——所以我出发。

我对天空有种无尽的向往。很小的时候我的梦想就是“去云上睡一觉”。拉萨，世界之脊背，离天空最近的地方。很多人劝告我，这一路太危险。七八月是滇藏的雨季，塌方、泥石流都会让我随时丧失小命。既然这是我长久的目标与梦想，那它的危险我不会不知道。我已计划好、准备好、预测好我将会遇到的所有突发事件。又说既是“突发事件”那也表明更多的事情是我预料之外、无法想象的，但我并不害怕、并不胆怯、并不会放弃它。我愿意去做一个冒险者，哪怕夭折在通往圣地的路上，也不愿在安宁中逐渐死去。而所有设下的边界，都只为了跨越。

“原来生命那么短暂，当你发现所爱时，就应该不顾一切去追求，因为生命随时会终止；命运是大海，当你能够畅游时，你就要纵情游向你所爱，因为你不知狂流何时会到来，卷走一切希望和梦想。”《悟空传》这样写道。我们生命短暂，谁也无法说准今天是否是我们生命的最后一天，是否会有明天。我不希望，哪天谁在我葬礼上说：“当时她如果去拉萨（或者其他）就好了。”我不可能一辈子不犯错，但我追求无悔。既然我选择上路，我就做好了承担很多事的准备。我不愿被紧箍圈束缚，但是如果无法拒绝戴上，我也会忍受紧箍咒的疼痛，奋力追逐我想要的。我不想，狂流到来时卷走我的希望和未曾实现的梦想。我没钱，只有一腔渴望上路的热情，因为一场愉快、艰辛、奔波、曲折离奇的旅程所必须的不是钱财，而是青春、好奇、健康、冲劲。我不知道当自己富足的时候是否还愿意出发远行，就如李碧华所说："年轻时没有名贵照相机也难高攀五星级酒店，但靠充沛体力和意志上山下乡捱世界。到你富裕之日，不是动不了，总觉得欠了一团火——跑地方，必须有'火'。穷着去吧。要知道：机缘过了，钱买不起。"

成绩出来，我被第一志愿第一个系录取。对得起我曾经为它洒下的所有汗水与泪水。装备齐全也已经全部抵达丽江，明天我就要去香格里拉，正式踏上去拉萨的路途。很多时候，我一个人的决定总是会牵扯到许多爱我、关心我的人的心。我非常感谢这一路走来关心我、扶持我的人。最爱的是妈妈，她永远支持我深思熟虑过的决定，永远给我想要的自由，永远那么爱我。还有不管是高中指导我的老师、高三时一起并肩作战的"战友"，还是从昆明到丽江一路上遇见的人，都非常感谢你们，我们互相鼓励，各自奔向自己的梦想所在。所有的黑暗，都会迎来破晓。所有的汗水，都会浇灌出美丽的花朵。所有的梦想，只要努力，都会实现。

我渴望，我相信，我会一直拥有透明的心灵和会流泪的眼睛。每个人都有出走的理由，而我已经在路上。

谈谈女性的自由

< 写在前面 >

本文写于十九岁生日那天，原名是《十九：谈谈女性》。现在看来，实质上是谈论女性如何逃离他人的眼光和束缚，自由地生活。

我发现人被贴标签总是先从最明显的开始，比如别人谈论谢仁慈时都先说“那个少了腿的”——关于“残障”，十八岁生日时已说。既然今天十九了，那肯定要来点新鲜的——谈谈女性。

在发表一些自认为很正常的想法、目标时，听到类似“你是个女孩”这样的话其实比“你腿不好”要多。比

如，“你一个女孩子干吗那么拼？”“你一个女的居然不想结婚？”而不说“你一残疾人居然不结婚？”。并不为大家尊重残障人士而感到高兴，反而十分忧愁——残障人尊重了，可是作为多数的女性却未得到充分的尊重。女性得不到应有的尊重源于历史、社会、男性以及女性本身。历史社会因素涉及太广暂且不表，而评论男性我既是当事人又是法官未免太失公平，今天就经验谈谈女性自身。

现在网络上一些女生的言论着实让人触目惊心，“有干爹”“宝马哭”等也令人无法直视。媒体为了流量拽住热点大肆炒作，沸沸扬扬，这就容易造成一种错误的大众印象“女性是无法独立获得幸福的，她必须依附于一个男人”——Bullshit（胡说）。不过，一个人若要想获得别人的尊重，就必须得先尊重自己，无论男女。人要自个儿渡自个儿，否则没人能救得了他。一个人若是自我作践，尊重与否对她而言也就不重要了。

“我是个女的，所以我不必太努力学习。”“我是个女的，反正也不用很努力工作。”“我是个女的，不行嫁个厉害一点的老公嘛。”这些想法让我挺难以理解的，一个人的存在为什么总是想依附另一个人？所谓“靠人人会跑，靠墙墙会倒”，秉持这样想法的女孩亲手扼杀了多少人生精彩的可能性。我爸虽然混账，但很感谢他从小教育我“眼泪是没用的，你虽然是个女孩子，但应该和男孩子一样努力去争取自己想要的东西。”所以，我小时候招猫惹狗，上树下河，扯皮干架无所不为。

于我而言，人格独立、精神圆满、身体健康、财务自由是生命中最重要的事。

人格独立，指具有独立思考的能力，不拾人牙慧、人云亦云、独立地生活，管理好自己的事物；精神圆满是拥有自己的精神世界，有让自己快乐的兴趣爱好。这两者可以从读书中获得，对于没有高智商的人最好的办法就是提高情商——读书。“人丑就要多读书”我是不赞同的，丑，该减肥减肥，该整容整容，和读书没有半毛钱关系。不要用战术上的重复来掩饰战略上的失败。但是读书会让人变聪明一点，是真的。

身体是革命本钱，有段时间身体不好，事事不顺，人格难以独立，精神也没法儿圆满，十分颓废。坚持运动后身体变好，走在路上一种“走路带风”的感觉总是萦绕不去。退一万步说，如果我有个死对头，在身高美貌钱财等等都实力相当，唯一能做的大概就是拥有一个健康的体魄比她后死，在年龄上碾压她了——我是认真的。

前三者大概已拥有，目前财务不自由，正努力奔向它的康庄大道。其实现在身份很尴尬“一个不能自食其力的完全民事行为能力人”，并且也不好意思再开口问家里要钱。两性关系中，女性不仅需要人格、精神上的独立，

财务自由其实更重要。拿人手软，吃别人的饭、住别人的房、开别人的车，好意思口口声声说自由谈理想吗？发现对方劈腿能干干脆脆一走了之吗？别说啥爱不爱，爱也要值得被爱，宝贝儿，人和人是一场游戏。

对于我不大可能结婚这事，我妈说“你的选择，我支持。可是如果你丑，生活得很糟糕，别人会觉得是你不能结婚，而不是不想。相反如果你一个人生活得很好，有自己的事业、兴趣爱好，我想结不结婚区别并不大。”我妈不愧是我妈。无论男女，如果做到这四点，肯定是会被尊重的。

过去的一年里我经历了很多十八岁之前根本没想过的事，爱恨嗔痴，大喜大悲。相信的依旧笃信，厌恶的仍是远远躲开。有人说谢仁慈变了，但我觉得除了比一年前漂亮，没甚太大区别。一直都觉得自己很幸运，本是芸芸众生中平凡的一枚，却能结识许多有趣、不凡之人。

老规矩，最爱的是妈妈，感谢给我爱和自由。感谢生命中每一位老师，或许对于你们来说我只是莘莘学子中平凡的一个，但对我而言你们是独一无二的，有知遇之恩。朋友，你们是我最大的财富，爱你们。多说一句，近来好些我不认识的人跑来说喜欢我，我很开心，但又有些诚惶诚恐，我何德何能得到你们的爱。谢谢你们的一直关注，默默点赞。但我想我们每个人都是平凡而又独特的，都会发光，不是吗？共勉。

十九岁，好好读书，好好学习，好好运动，好好休息，好好生活。

写在去新疆之前

滇藏行之后就决定下一个暑假走新疆，然而大一暑假时机缘巧合遇到Q，在青岛度过了一个暑假，新疆之行便作罢，毕竟经费有限，不能随心所欲地到处浪。大三暑假需要复习司法考试加之心里有事想出去走走，于是乎在律师事务所请了两周假，收拾收拾细软就走了。

新疆之行大概念叨了快两年，其间有不少人说“我陪你去”，到最后还是我一个人背上行囊出发。不喜欢离别，不喜欢被人送——再不舍也要分开，机场、车站搞得凄凄惨惨，怪烦的。跟家人说好不送，但他们真没来我还是有点失落，哎，中二少女。全程火车，先到成都，再从成都坐车到乌鲁木齐。此行北疆属游玩，重点在探寻南疆维吾尔族文化。后从叶城219国道入藏，抵达阿里地区后，

到冈仁波齐转山。

每个时期想去新疆的理由不同，大一那会儿觉得去就去呗，没什么原因，就想去看看。看啥？我也不知道。近两年发生的恐怖袭击事件和舆论，让人们对这个地方的刻板印象就是：治安不好，十分危险。我常在文章中强调，人要有独立思考的能力，很多人都回答“我有啊”，进而开始夸夸其谈。其实我逐渐发现这时代最大的谎言莫过于你认为是独立思考所得到的结果，其实不过是舆论潜移默化的偏见。所谓独立思考，必须是亲历的，而不是

从谁的嘴里听来的,从哪本书里看来的。以前看很多书建立了一套对世界、对爱情的看法,这些观念和看法几乎全部源于书籍,我还自以为坚不可摧。后来遇到了Q,其间历经种种,几乎将我以往所建立的三观颠覆了——这大概就是“为什么知道许多道理,依旧过不好这一生”的原因:我们没有亲身去实践,去检验这些道理对于自己来说是否是正确的。同样的,没去过新疆之前,我们所认为的,即使把它们说得再完美再合乎逻辑,都不是自己的。只有亲自去过,亲眼看过,亲身体会过形成的想法和观念才是独立思考的结果,而不是谁的“完美结论”。

我快二十了,虽说年龄只是数字,但不知为何冥冥中有种责任感:该总结前二十年所经历的事,该重新生活,该真正对自己的人生负责了。之前去西藏从昆明开始玩起,走完317国道到拉萨已经疲了,加上恰逢白马年,为控制人流量,阿里边防证要2000元办一个,我在拉萨周围转了转就从青藏线回家了,一直没圆去冈仁波齐转山的愿。再说,那时的我对藏传佛教所说的“冈仁波齐转山一次，洗涤此世罪孽”并没有太大感觉。今年去冈仁波齐，转山不再执着于形式，而是在通往目的地的路途上，我总能被某些情景给触动，跟自己对话。在海拔 4500 米左右的地方徒步 50 多公里，路上有可供休息的寺庙，大概三四天走完。我并不想宣扬苦难的意义，但不得不承认某些艰难的时刻的确会激发人的潜质与灵感，许多以前没想通的，就顿悟了。

写作是我的解药，我从未停止对它的热爱。一路走一路写，山色风光，风土人情，对自己生活的反思。“沥干灵魂的水分”，这是二十岁之前最重要的事。

思考使你自由

< 写在前面 >

一位已毕业的师兄在微博中的不恰当言论引来网友对我母校的肆意谩骂，其用词与逻辑令人不敢苟同。故写下这篇文章试探讨网络语言暴力为何存在以及我们应当如何避免成为盲目的从众者。

我讨厌群体和匿名，因为大多情况下，前者会磨灭个体的特性，后者将释放人性最恶的一面，尤其讨厌匿名的人在群体中的嘴脸——那种将现实生活中的不幸通过在网络上谩骂发泄出来的网友，就是这样在群体中匿名的人。或许他们中有的人在实际生活中是温良谦恭、大气不出一声的“好人”，或许是西装革履、朝九晚五的“体面人”，或许是所谓985、211的“名牌大学学生”——无论以何为外在表现形式，其

内在精神一定是匮乏的，其大脑一定是无法独立思考的。群体本身是无名氏的性质加上互联网又让个体匿名的条件，让这样的网友无风都能起“三尺浪”，当他们站在“道德高地”拿着“群体确信”的大旗迎着“自由与真理”的大风——那必是“浪千尺”了。按照勒庞的观点，即使是具有批判能力与思维的人在群体中智商都会降低、失去判断力，从而做出一些完全不合乎理性的事。当没有思想与判断力的人聚集在一起会闹出什么样的幺蛾子？比如评论某发表了不恰当言论的大学生的母校是垃圾；拐卖儿童可恨，故所有拐卖儿童的人贩子都要判死刑——也就都不足为奇了。

“群体推理的特点，是把彼此不同、只在表面上相似的事物搅在一起，并且立刻把具体的事物普遍化。”[1] 毕

[1] 出自勒庞《乌合之众》。

竟，群体想要的只是无论好坏只要有喷点，以慰无聊生活的令人振奋的结果，而不是冗长麻烦又无趣的逻辑推理过程。不加思索的人云亦云，在群体中忘记了自己本来的面貌，就会直接导致阿伦特所说的“banality of evil（乏味的恶）”——虽不比二战时德国军人对纳粹“反人性命令”的执行，但它们的本质都是放弃了自我思考的权利与能力。他们之所以乏味，就是因为这样的人必定是思索不能、语言贫乏的；但他们也不是什么“彻底的恶”，毕竟，虽有触犯法律的可能，却也只停留在网络谩骂上而已。

对于“banality of evil”我个人感性的理解就是“无趣的人”：总是在语言大于形式地喋喋不休，重复别人的语言，思维毫无新颖之处；私底下毫无逻辑地谩骂，一旦需要站出来堂堂正正表明立场时又怂得一句话都不敢说。人生在世吃喝拉撒睡，事情大同小异，但乏味的人和有趣的人在面对同一件事时仍会有不同的生活状态。浪漫就是即使做的是同一件事也会有不同的感想吧。

我的哲学教授在讲台上歇斯底里地大喊“thinking！thinking！ thinking harder！（想！想！努力想！）”——这就是拒绝“banality of evil”的不二法门。但思考必定伴随着痛苦，这是代价。我有个智商很高以往做事几乎

全凭本能的幼稚朋友，可能是身在国外遇到一些事情被逼无奈，开始思考一些问题，在同我聊天时只觉他言语中都有压抑不住的难受，虽然不知道本质上是否改变，但至少表现出来是有所成长了。好还是不好？——“我去死，你们去活，谁的命运更好，只有神知道。”[1]

为什么会抹黑西南政法大学（以下简称西政）？他们其实也不是针对，也没什么具体目的，就是闲得无聊需要在群体的狂欢中获得高潮——今天是强压着西政做出

[1] 出自柏拉图《申辩篇》。

表示和处分，明天清华北大上交旦可能就惨遭毒手，后天哈佛耶鲁斯坦福也难逃魔爪，逮谁吠谁，越回击他们越开心，反正他们啥都没有就是时间多。并且我认为此事和学校没有太大关系，人生在于自我教育，学校教育只是辅助作用。傻 × 哪都有，不必太在意。

思考，必然建立在大量阅读和人生经历之上，没有经典沁润的心灵难逃乏味，不曾实践的理论也是脆薄如纸。不再关注知乎上那些说人生道理的问题，因为开始觉得我们需要的不是一两条“金科玉律”，而是亲自思考不断地去实践而获得的真正属于自己的东西。当运用自己的东西去思考、去判断，我们才是自由的。

自由真正的样子

我是个热爱一人旅行的人。两年前刚踏入西南政法大学时，校报记者报道了我暑假时一个人在滇藏线上疯狂的旅行。大概从那时起，“自由”这个标签就被贴在了

我身上。一个人想去哪儿去哪儿，这似乎就是自由的样子。而实际上呢？大学这两年，我从未停止思索自由到底是什么。恰巧《西政学声》约我给新生写一封关于“自由”的入学信，于是写下此篇。十分荣幸能与诸君讨论这个经久不衰的话题。

首先必须明确，自由无关形体而在乎心灵。常有人向我诉说其对自由的向往，后必加之一句“而我现在哪儿也去不了，十分不自由。”言下之意，仿若他能想去何处便到何处，就是自由似的。恕我直言，心灵自由的人如康德，即使寸步不出家门，仍活得自由自在；心灵不自由的如我在旅途中遇到的许多驴友，就算踏遍万里河山，仍犹如坐牢。何以故？后者出行从来都是仿照别人的生活方式，活在别人的世界观之中，哪来自由可言？醒醒吧，去再多的地方也不能拯救一颗随波逐流、平庸且乏味的心。

所谓心灵自由在我眼里不外乎两点：独立思考的能力和独立的人格。

独立思考意味着不人云亦云，对待人和事有着源于自己实践的见解。但是注意，在这个信息爆炸的年代许多人会把从各种平台上看到的观点吸收，潜意识认为这就是自己独立思考得到的结果。这是这个时代最大的谎言：你以为是独立思考的结果，其实只是舆论的良苦用心。很少关注所谓的社会热点或者是新闻评论，为的就是不被舆论所影响。培养独立思考的能力最重要的一点就是读书，读很多的书。大学四年你可以偶尔不上课，但你不能不读书。诸君，我们前十二年的教育在某种程度上是失败的——它只是为了高考，而不是为了培养健全的人格与建立个人完善的世界观。世界真正是你所想的样子吗？或者只是“它”想让你看到的样子？只有多读书、多实践、多体验，才知道这个世界到底是什么样的。在此基础上，才能独立思考，拥有自己独特的、完善的对世界的看法而不是麻木地拾人牙慧。我始终认为，没有经典浸润过的心灵是谈不上丰富和有趣的。

独立的人格意味着拥有与自己相处的能力。人生来

就是孤独的，这一点毋庸置疑。在生病时我们最能体会到这一点：所有的病痛与难言的感受，都只能一人承担。快乐是可以分享的，但痛苦永远不能。感同身受这个词从来只存在于字典之中。有人陪伴难道我们就不孤独了吗？即使是亲密的爱人，也还会同床异梦。我们谁都无法毫无缝隙地拥抱另一个人的心灵，我们可能会不孤单，但我们不可能不孤独，尤其当一人面对浩瀚的星空时——人类多么渺小，又多么孤独。丢掉那些没有意义的陪伴吧，一个人去图书馆，一个人去旅行，把对外界的关注逐渐转化为对自己内心的自省，学会自己和自己相处，不依靠任何人的陪伴而存活于这个世界之中。当能一个人多彩而充实地活着，才会是自由的，才会是一个有趣的人。

最后必须强调，爱是不自由的。这并不是吃不到葡萄说葡萄酸，而是痛彻心扉的体会。当你爱上一个人，你

会无法控制地患得患失以及难以自拔地围着他/她，就像《小王子》中那只被驯服的狐狸。而“当你想驯服别人，你就要冒着流泪的风险”。爱，本来就是放弃自由啊。所以啊，大学不要忙着脱单，把更多的时间放在自己身上，不断丰富自己，茁壮成长吧。不过也有个词叫作：心甘情愿。

愿你我都能拥有真正的自由，以自己的方式活着，而不是活在社会的成见与他人的眼光之中。

共勉！

关于自信

- 没人针对你，只怪你内心敏感又脆弱
- 自信从何而来
- 我不是你们的励志榜样
- 写给小红的一封信

没人针对你，只怪你内心敏感又脆弱

今天天气阴霾，我想起以前的一些事儿。

那时惨遭车祸、父母离异、家破人亡，很长一段时间我都觉得自己就是苦情剧里全世界都针对的女主角，命不好、家庭不好、运气不好，老天王八蛋。别人说："我买了新衣服"，我想：啊！看不起我穷是吧？别人说："我跑步了"，我想：啊！秀什么秀不就是比我多条腿吗？别人说："我爸爸妈妈来接我"，我想：啊！我不就是爹妈离婚了吗？为什么要针对我啊？！

别笑，其实经历过一段较跌宕起伏岁月的人都比较敏感，但敏感本身并没有问题，问题是敏感还要玻璃心，那简直就是作死。好在我虽然是个敏感的苦逼残障人士，但心宽似海，并不玻璃心，属于比较生猛那种。

冯唐《三十六大》的封皮儿上写着“煲汤比写诗重要，自己的手艺比男人重要，头发和胸和腰和屁股比脸蛋重要，内心强大到混蛋比什么都重要。”然后出名了，大家都以为“内心强大到混蛋”是冯唐原创，其实这是王朔写给他女儿的。敏感没关系，只要内心强大到混蛋，照样疯得自成一格，快意人生。

敏感其实主要缘于太把自己当回事儿，我之前就这样。但近一两年慢慢悟了一些道理。突然顿悟是在寒假的时候去了一个可能支教的学校考察了十天，其间见闻种种让我领悟为何佛说“众生皆苦”。明白:我所遭受的苦难并不比别人多太多,痛苦主要缘于敏感和脆弱。许多人许多话,并非针对你,内心敏感又脆弱,只会让自己难受。“缺什么秀什么”这句话我也不赞同,别人不是秀,人家只是无心一说,因为你缺,所以你才觉得秀。以前觉得自己是要拯救世界的“大人物”,后来发现不过是芸芸众生之中最微不足道的一枚,重要的不是拯救世界,而是拯救自己。把自己搞好,渡人还是渡己也就一念之间的事儿了。

高中时虽不懂,但为了应付高考也把“天地不仁,以万物为刍狗”背得麻溜顺。而转眼不过一两年,好像明白了为什么浩如星海的古籍中偏偏让我背那几篇,恍惚中还仿佛看到老子对我嘲讽一笑,并说:“少自作多情了。”

自信从何而来

在所有关于我的报道的评论中，一定会有“自信”二字。这让我想起很久以前，一个非常好的朋友直截了当地说：“你知道吗，你那不知从何而来的自信最让我讨厌了。”那瞬间比起被好朋友这么说的心痛，我更多的是在想：啊，我居然是个自信的人。在那之前，我从未去考虑也从未有人告诉过我这个问题，只是一直按照自己喜欢的方式在生活着，随着这么评价的人越来越多，我开始去思考，自信是什么？如果我真有这玩意儿，它又是从何而来的？

看百度百科上写“自信即是相信自己”，似乎是懂了自信为何物，但该说法过于笼统，相信自己什么呢？按照我的理解，如果我身上真存在自信这种东西，那必定是源

fang suo

于我相信自己可以控制自己的生活与人生，这种控制并不是一定会或不会发生什么事，而是笃定无论发生什么事自己都可以去面对它，解决它。翻看我所有过往日记和书信，我找到了这种“不知道从何而来的自信”的源泉。

自信源于对自我深刻认知之后的自我认同与接受。

看到许多培养自信的方法，其中最流行最简单的莫过于自我鼓励。事实上我并不认为这是给自己喂鸡汤，恰相反，我认为这种方法对培养自信是十分有用的，但必须建立在深刻地自我认知与认同之上。

自我认知最直接的一点就是，是否了解自己的缺点？且不仅仅停留在“知道”而已，更重要的是去分析它们存在的原因以及该如何去解决。我以往的日记中，最多的就是自我批判和寻找解决方法。收到最多的负面评价是说，谢仁慈是个浮躁、表现欲强又自我的人，在日记中我对前二者绝不否认、绝不找借口，而是给予极其犀利的批评和解剖。但我同时也并不认为“自我”是一个缺点，以前一个朋友指责我说：“你不能活在自己的世界之中。”我答：“总比连自己的世界都没有的好。”

我明白朋友的良苦用心也十分感谢他，但我的确不认为“自我”是一个人的缺点，恰恰相反，生于当下的社

会，我认为人更需要一些“自我”去思考、去做事。否则由你身边的人告诉你，你是谁，你该做什么，和其他茫然的人一起被社会大方向的潮流夹杂着、推搡着往前走，当一切都静下来的时候，却不知道自己究竟身处何方。连自己的世界都没有的人，又如何去与这个世界，与其他人的世界建立稳固的、结实的联系？但必须谨记，自我并不代表不关心他人感受，“自我”的人不一定是个冷漠的人，而那些“无我”的人也不见得就是个真正的好人。

全面、完整地了解现在的这个自己的下一步是，是否认同这个自己？是否接受这个自己？是否爱现在这个自己？如果不认同、不接受、不爱现在的自己，那就立刻行动，去改变、去成为你会爱的那个自己。

我讨厌那个浮躁的谢仁慈，于是我逼着自己冷静下来去看书、学习，做好每天该做事；我讨厌那个身体里塞满表现欲的谢仁慈，于是逼着自己学会不打断别人说话，认真听完对方在说什么再发表有用的评论，绝不说废话；我讨厌那个肥胖的谢仁慈，于是逼着自己去运动，去吃健康但并不美味的食物。但我爱这个一直在挣扎着走向心目中那个完美的“自己”的谢仁慈，我知道她擅长什么，缺点在哪，能力又有多少，所以我清楚地明白什么是她可以努力一把然后达成目标，而什么又只是不切实际的幻想；我知道她有怎样的内心和力量，所以我也相信她可以面对生活中出现的各种问题和困难并解决它，也相信她有着可以“扯着自己头发把自己从泥潭里拽起来的力量”——所以你看到她是自信的。

自负和自信长着相似的面孔，两者区别就在于是否能真正坦然的接受别人的意见，是否怀揣着谦卑之心。以前有人笑：“你再怎么努力写这些玩意儿也拿不了诺贝尔奖的。”我回：“那是我本来就水平不够，莫言比我不知高到哪里去了。可那又怎么样呢？我还是很喜欢写作啊。”

我不是你们的励志榜样

——残障者在主流媒体中的形象呈现与权利实践

< 写在前面 >

本文由2017年6月30日在联合国“中国残障与可持续发展”论坛中“残障与媒体”分论坛的发言稿整理而成，是我对残障与媒体和权利实践的思考。自信应当是源于深刻的反思与对自己所相信事物的笃定，故收纳于此。

尊敬的联合国教科文组织、各位与会者：

大家上午好，我是壹加壹实习研究员、西南政法大学法学专业在读生谢仁慈，非常荣幸能够在这里发表讲话。

首先非常感谢教科文组织给我一个参与会议、发表报告的机会。

我今天想和大家探讨的问题是残障者在主流媒体中的形象呈现与权利应当如何实践。

作为一个法学专业在读的本科生，当我和同学说要来北京参加一个联合国主办的关于残障人士权利的会议并发表一个简短的讲话时，他十分激动并高兴地问我：“你是要探讨《宪法》中与残障权利有关的内容还是《残疾人保障法》？”我略有些羞愧，小声回答：“关于媒体……”，话还没说完，同学就以意味深长的语气打断我说：“我懂了！毕竟网红嘛！”作为一个还没毕业的半个法律人，以我的学术水平和实战经验，在这个会议上发表关于残障与法律的讲话和看法诚然是不够格的。虽然在

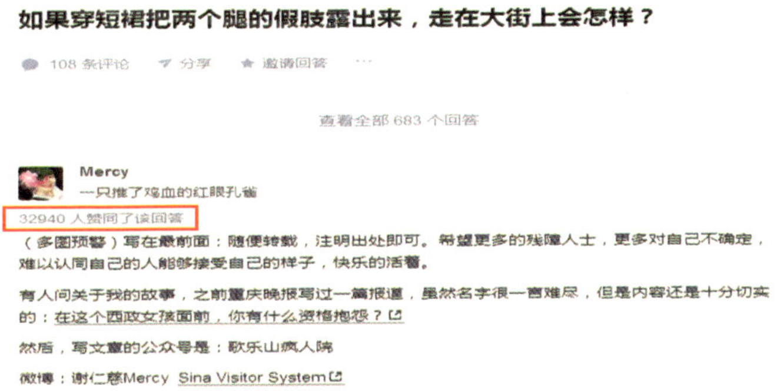
如果穿短裙把两个腿的假肢露出来，走在大街上会怎样？

108 条评论　分享　邀请回答　…

查看全部 683 个回答

Mercy
一只推了鸡血的红眼孔雀
32940 人赞同了该回答

（多图预警）写在最前面：随便转载，注明出处即可。希望更多的残障人士，更多对自己不确定，难以认同自己的人能够接受自己的样子，快乐的活着。

有人问关于我的故事，之前重庆晚报写过一篇报道，虽然名字很一言难尽，但是内容还是十分切实的：在这个西政女孩面前，你有什么资格抱怨？

然后，写文章的公众号是：欢乐山疯人院

微博：谢仁慈Mercy Sina Visitor System

与媒体打交道经验虽然也不及主持人——我的老师蔡聪先生，但至少比我在法律实践上的经验要多一些。

今年五月中旬，我回答了同学在知乎上邀请我回答的问题——“如果穿短裙把两个腿的假肢露出来，走在大街上会怎么样”，在一天之内收到了一万个赞和将近一千条评论，同时微博和其他门户网站也开始转载这个回答。不得不承认，我是有私心的，在整个回答中除了一开始写穿短裙露假肢会怎么样之外，我大部分的回答都在探讨残障的社会概念、残障意识崛起、残障者的自我认同等问题；然而时至今日，在知乎将近几万个赞和几千条条评论之中，看到它们的似乎寥寥无几，更多的是浮于表面的评论“好看”，微博亦然。

在知乎和微博火了之后，南方的澎湃新闻和北方的新京报两家主流媒体对我进行了采访，在他们报道之后，人民日报、头条新闻等媒体纷纷转载、在此我必须区分一下媒体和转载网站。当我在谈论媒体的时候，是指有采访权的新闻机构和杂志，而不是更喜欢博眼球的转载网站。在主流媒体报道之后有更多的媒体联系我，想要采访我，但我都拒绝了，因为我知道已难逃“励志”与“正能量”的标签。在与各种媒体打交道的过程中，我开始去反思残障者在媒体中形象的呈现及其背后的原因。还有，在媒体用残障者的新闻去获得关注与点击率的同时，我们该如何借助媒体的力量去进一步推进权利的实现。

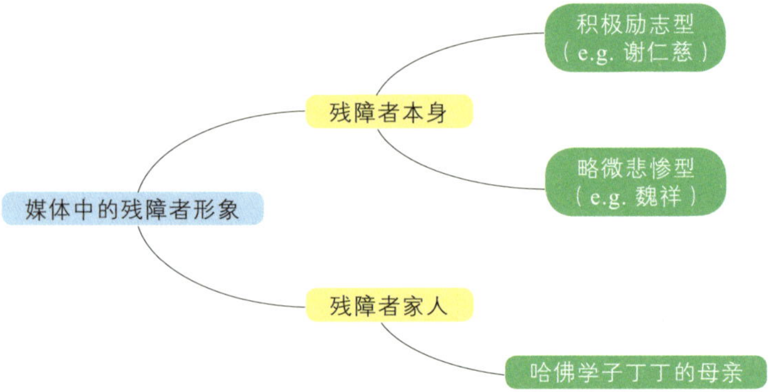

上图是最近半年我国关于残障者的三个获得大范围关注和流传的新闻、以此为蓝本，我粗略地把媒体报道的残障者新闻分为两类，三种。第一类是残障者本身的新闻，此类又可分为两种，一种是“励志正能量的”，另一种是“略微苦情的”。

我属于前者，而甘肃给清华写信的考生魏祥同学属于后者，这点可以从他写给清华的信中看出。第二类就是关于残障者的家人，往往是歌颂父爱或母爱的伟大，或者妻子或丈夫的不离不弃，考上哈佛的脑瘫残障者丁丁属于此类。但无论是关于残障者本身还是其家人，报道的方向都会偏向于积极良好的方面。

和时代的审美标准一样，时代的审残标准也是存在的。公众会对残障人士有着一个刻板印象，比如从小到大别人都会问我："你的成绩一定很好吧？"或者当我独自一个人去旅行时也有人会说："一个拿拐杖的人怎么可能自己走完滇藏线？"当你打破他们刻板印象，哪怕是一件自己去上课、去旅行那么微不足道的小事，他们都会觉得你很优秀、你很棒。因为你是残障者，他们就把优秀的标准降低了。因为你做了一件他们有限世界观中残障者不可能做的事，他们就觉得自己被正能量的光芒给温暖了、给推了一针积极向上的鸡血，但遗憾的是这针鸡血的药效往往也就持续个一两天。

所以，在我看来，时代的审残标准就是：打破公众普遍认为的"残障者不能做什么"的刻板印象。也许是潜意识中为了迎合这个时代的审残标准，当公众认为少腿的不能攀岩时，残障者攀岩了，媒体就会报道；当公众认为拿拐杖的不能独自旅行时，残障者独立上路了，媒体就会报道；甚至他们还会认为残障者不能去普通学校就读，不能考上名牌大学，如果残障者做到了，媒体居然也会报道——所以，当公众认为穿上假肢的残障者就该藏着掖着，我穿上短裙露出假肢走在街上，就被报道了。

其实，在我没露出假肢，正常考入西南政法大学时某报社就想采访我，那时候我果断拒绝了，因为我知道题目大概就是"梅花香自苦寒来"之类的，但我自己本身没那么多催人泪下的苦寒故事可说。后来接受了另一报社的采访，他们的标题是"在这个西政女孩面前，你有什么资格不努力？"一股浓厚的鸡汤味扑面而来。事实上网络版本的新闻还是克制住了鸡汤量的，纸质版的标题是"西政的太阳"。当我看到这个标题，并不觉得荣幸，反而觉得给母校丢脸。最近的新京报和澎湃新闻的报道都非常

的写实，比起随意撒鸡汤，更关注假肢，他们其实更深层地关注了我个人内心和想法。然而，作为门户网站的腾讯推送里曾有过一个这样的新闻"穿上短裙露假肢，还健身！还考上大学！"这两个"还"字，和我的照片摆在一块，让我觉得十分羞耻和失望。

从两三年前拒绝接受采访到主动与媒体接触，促使我改变想法的是我希望能够通过媒体去穿达一种信息：残障者也是普通人，即"残障者平常化"。接受两家主流媒体采访的原因也是希望不再神圣化或者妖魔化残障者。结果腾讯新闻标题一出，就似乎告诉了所有的阅读

者——残障者健身、考上大学很稀奇！尽管我很失望，但不得不承认，这就是最符合时代审残标准、最好的博取点击率的标题。

媒体对残障人士的报道，无论酸甜苦辣，一定是要偏好的方向，甚至可以说，都是好的方向；主流媒体下的残障者无论如何报道，他们的故事总体上都是积极向上的、正能量的、励志的；可以有眼泪，但不能多过鸡汤。实际上，这反映着一个几乎是令我胆战心惊、毛骨悚然的普遍观念：原来，在公众眼中，残障者应该是悲惨的、苦难的、不堪的——因为大多数的媒体只会报道公众普遍印象中的社会上的小概率事件。所以，残障者在主流媒体中形象的呈现，实际上就是公众关于残障人士的刻板印象的反面呈现。

我本以为，这种反面的刻板印象已经够可怕了。直到两年前我的假肢还是仿真的、可以假装健全人的时候，问一位同学："当我提到残障人士，你会想到什么？"他沉默了很久告诉我："什么也没想到。"那瞬间我突然才发现，有刻板印象至少还是有"印象"还是"存在"，而被忽视、被迫隐形在社会之中，才是最可怕的——因为这意味着我们"好像"是不存在的。联合国《残疾人权利公约》确定了我们应有的权利，我国《残疾人保障法》让这些权利成为法律权利，但目前它们依旧还在通往成为实有权利的路上，并且这条路不知道需要走多久。在媒体报道我们的同时，我们应该如何借助媒体的力量去实践我们的权利？

我认为，最重要的是通过媒体报道让社会公众知道，我们——残障人士，是存在的。我没有考上哈佛，我没有露出假肢，我没有那么多催人泪下的故事，也没有那么多正能量老鸡汤，但作为一个残障人士，我是存在的。我仍然可以、我也应当去争取属于我的权利，这是正当的也是必须的。就像耶林在其著作《为权利而斗争》里所说的那样"一个人主张权利，是对社会的义务；而为权利斗争，则是对自己的义务。"通过媒体，可以让很多人知道我们的存在；通过媒体，我们可以去发声、去呼唤自己的权利。我知道呼唤是远远不够的，权利需要实际行动去实践、去争取。媒体能够传播这样一种信息：残障者不是在请求谁的施舍和大发慈悲，我们是在行使自己应得的、正当的、法律赋予的权利。这能为以后的权利倡导打下公众的意识基础。

在过去的每一个媒体采访中我都告诉记者，希望不要把我神圣化、完美化，我是个会哭会笑的、活生生的、有血有肉的人——因为我也不愿意去塑造另一种关于残障人士的、正在冉冉升起的刻板印象：残障者必须是优秀的。这甚至比那种固有的残障者是苦情的更可怕。我们被贴上了“残障者应当如何”的标签，而贴标签的本质是人们缺乏去理解他人的耐心，以及对他人的漠不关心。事实上，我悲催，是因为我懒、我不努力，而不是因为我是一个残障者；相反，如果我优秀、我快乐，是因为我努力学习和工作，也并不是因为我是一个残障者。如果媒体能够做关于不同的残障人士的报道，就能传播这样的观念：我们是残障者，但我们首先是个人，酸甜苦辣人生百态，我们都有。这其实就是媒体能够帮助残障权利实践的第二个方面：打破刻板印象，实现残障印象的多元化。

快两个月过去，知乎上那个问题有更多关于残障者露出假肢、穿上短裙短裤的答案。其中一个小伙儿在看了我的答案之后撕掉了假肢包装走在街上，去正大光明的使用自己应当使用的无障碍设施，也有更多的人知道残障人士原来就在我们身边。

媒体给我的称号是“假肢女孩”，用假肢穿短裙的女孩千千万，而谢仁慈只有一个；我们每个残障者，也是独一无二的存在。我希望有一天，当用假肢穿短裙的女孩走在街上时，不会再有媒体对她进行采访；希望有一天，当一位残障考生要去读大学时，不再需要媒体来帮他呼唤无障碍设施；希望有一天，残障者不必在寻求媒体帮助和社会的爱心，在完善的体制构建之下，享有所有应得的权利。这意味着，我们已到达了更接近理想的地方。

我不是你们励志的榜样，我是一个残障权利的倡导者；

我不是你们励志的榜样，我是一个正在履行义务的法律人。

相信法律给我力量，谢谢大家！

写给小红的一封信

小红：

你好！

见字如面。我翻看微博都是你给我的私信：想穿又不敢穿短裙露出假肢/伤疤，怎么办？小红，隔着屏幕都能看到你那张纠结的、要哭不哭的脸。思前想后，我决定给你写封信，聊聊这件事儿。

小红，你是不是看到我那些撕开了假肢包装，化了俩小时妆，凹了半小时造型，P了一小时的笑得眉飞色舞的照片，加上评论都是一边倒的夸“美、酷、好看”，内心就有了动摇：“我是不是可以撕掉假肢的包装，像仁慈一样呢？”像我一样自信吗？像我一样被很多人夸赞吗？像我一样被许多媒体采访报道，还可以发那些费老大劲

儿拍出的照片吗？小红呀，你把因果关系颠倒了，我并不是因为露出了假肢才获得自信和勇敢，恰恰是我本是勇敢和自信的，才露出假肢、穿上短裙在大街上行走。事实上，在决定撕掉假肢包装的那一秒之前，我从未有过撕掉假肢包装这个想法；当我决定撕下假肢包装时也没有过一丝的犹豫，哪怕之后除了朋友的赞赏还有家人的反对和有些人惊恐打量的目光。

小红，虽然在决定撕掉假肢包装那一刻之前我从未想过要撕掉它，但是也并不觉得这是一个偶然的事，相反，可能我潜意识里蓄意已久。纠结于是否该撕掉假肢包装最大的原因应该是：身边人会怎么看我，会怎么想？可是别人怎么想，重要吗？经济学告诉我们，任何事情必然都有成本，而做自己想做的事也就应当付出代价。当你露出假肢穿上短裙走在街上，除了赞美，必然会收到一些诧异的、惊恐的、不怀好意的目光。甚至有人在看到我之后会说："好好的大姑娘，多可惜，遮起来你更美。"那又怎么样呢？这是我喜欢的样子，所以我不在乎别人怎么想，当然，夸我好看我还是很开心的。

只有当你自信，当你内心足够强大去接受赞美和诋毁时，你才能够不在乎他人评价去做自己想做的事情。

自信源于对自己深刻的认知和认同，内心强大是需要经历来锻造的。

一些许久没见的老朋友会对我说“这些年你变化很大，我都快认不出来了。”是的，要不是最近翻看以前的日记，我都快忘了曾经的自己也是个因为失去右腿而不敢大声说话的怂包了。十四岁的我在日记中写道：“我少了条右腿，这是很悲剧的事，注定与很多事无缘。如果我有健康完整的身体，会更快乐。”这在现在的我看来十分可笑：真正想做的事情不会因为失去了一条腿就不能再去完成，这只是在为缺乏勇气去尝试而找借口。但也十分心疼，因为那时的我的确因为残障而失去了很多机会，也没有人告诉我，我应该在现有身体能提供的机能内去尝试任何想做的事情。那时拿着拐杖的我害怕穿过人群，害怕尾随男神时被发现，害怕别人来回打量的目光。

事情的开始改变在于，我发现了自己这个“害怕别人打量的目光”事实上就是“太在乎别人看我的眼光”，我讨厌自己那种畏畏缩缩、小心翼翼的样子。于是高中时逼着自己走人多的地方，接受各种目光的洗礼。大一时拿着拐杖去逛各种高档服装商品店，接受售货员那种轻蔑的、诧异的目光来回打量，一开始我也很纠结，在店

门口犹豫很久到底要不要进去，后来终于鼓起勇气走了进去，四处溜达了一圈，走出店铺时，内心一阵窃喜又暗自好笑，原来走出这一步，并没有想象中那么难。他们轻蔑地、诧异地、惊恐万分地看我又怎么样呢？能对我的人生造成什么实质性的影响吗？只要内心足够强大，这些也就轻飘飘地过去了。高三时我在日记本上写："为什么要在乎别人的眼光？别人是谁？超过他，让他变得不重要。"大一时我写："那些目光毫无新意，也不过如此了。"

挣扎时只觉一山难渡，再回首已是飞跃千山。我还没反应过来，就变成了现在这个自己。

小红，后来你几乎是哭着说："你就不能鼓励一下我吗？"小红啊，鼓励你对我来说只是轻飘飘的几句话，无关痛痒，但露出假肢后要承受各种目光的人可是你呀。每个人所处的环境、接受的教育和选择的人生都不一样，从未想过去鼓励谁露出假肢，我露出假肢，我发帖，只是想表明，还有这样一种生活方式。是否选择，完全在于你自己。我鼓励你去反思自己、认识自己、接受自己，做一个快乐的人，但我决不会给你任何鼓励让你露出假肢和伤疤，因为后者是对你大大的不负责。我二十岁之前是不接受任何媒体的采访的，因为我和我妈都认为，在我没有形成自己稳定的三观时，在我还不知道自己是谁时，随意接受媒体的采访，可能会被社会评价如"正能量""身残志坚"这些标签来推着我往前走，将会由社会评价来告诉我，我是谁。然而在关于自我存在与认同这件事上，永远是"向内看"而不是"往外找"，虽然外界因素也的确偶尔能成为我们自省的契机。而当我们认识自己、认同自己、接受自己之时，露不露出假肢，也就无所谓了，不必执着于形式。

小红，你知道吗，其实有人还会私信我提出一些尖锐的问题，比如“假肢的审美是中性的，但疤痕、畸形呢？”实话实说，从我撕掉假肢包装一直到现在，美、酷、好看等等都是别人说的，我觉得自己就是挺平常的一个人。每当我站在镜子面前看着穿着裙子的自己，大脸大胸大屁股大粗腿和另一边细钢管，我就想：“这就是我，我还挺喜欢的。”

小红，你要有自己的名字，你要是你自己，你不要一直都是千千万万徘徊的不知道自己是谁的小红。

朋友眼中的谢仁慈

与谢仁慈同学的十二年

在不确定的世界里

我的同学谢仁慈

与谢仁慈同学的十二年

从小学一年级开始就觉得她是个狠角色，因为即便那时候的她没有安装假肢，却总能在课间看见一个拄着拐杖和同学嬉戏打闹“健步如飞”的身影。其实随着时间的推移，很多小时候的事情都记不清了，但是却记得她小学时期有段时间改用假肢走路，有一次体育课上，假肢和腿结合的地方被塑料假肢磨破了皮，流出了鲜血，体育老师带她到医务室进行包扎，当时第一次那么清楚地看到她的残肢部分，她忍着疼痛还跟我们说笑，描述小时候自己的腿是如何出意外的以及出车祸时血淋淋的场面。当时就很佩服她，自己的人生经历了这样残酷的事情，还能回过头来对别人调侃自己的经历。第二天，一个拄着拐杖蹦蹦跳跳的小女孩又出现在了教室门口走廊上。

没有人另眼看待这个拄着拐杖的小女孩，至少在我看来，她甚至比同龄人更活泼开朗。最重要的，她的内心也不把自己当做一个特殊的个体来生活。

在我和谢仁慈认识的那十二年里，她也像青春期情窦初开的少女那样追过喜欢的男生，遇到感情上的事情也会和我一起探讨。不管遇到开心还是悲伤的事情都会和认识的人分享。她和我们一起泡过书店，追过南派三叔的《盗墓笔记》，也和我们一起在 KTV 里疯狂地飙歌。

经历了很多很多事情，从小到大，我们所有的朋友圈里的人就没有把她当作所谓的弱势群体来交往的，因为她根本就不需要特殊看待，她是我们之中最坚强的那一个人。

后来，我们都在成长，成长中最重要的就是寻找自我，于是她便开始了自己的旅途。独自一人在去往布达拉宫的路上和陌生人同行，完成了很多人敢想而不敢做的西藏之旅。而后她又完成了更多的旅途，结识到了各个地方的人。

在她给我们分享的各种照片里面，永远都有一个不管何时何地、什么状态下都保持着微笑戴着假肢的姑娘。

其实不管她在哪儿，不管外人怎么评价她，不管这个社会对于残障群体的态度如何，在我看来她一直都是那个活泼开朗、敢做敢当的小女孩，在成长的过程中，义无反顾地追求自己的目标，就像所有努力生活的人一样。

王顺剑

在不确定的世界里

说起谢仁慈，我的记忆就要回到小学转学的时候。鉴于我这个人有比较严重的人群恐惧症，况且那会儿还不满十岁，在一群彼此都早已熟悉的小孩里面，可以说是非常不安的。记得当时我随便找了个空位，刚坐下，旁边的小姑娘就问我叫什么名字，从哪里转学来的，虽然我很怕生，不过却因此缓解了大部分的紧张。后来我们当了一年左右的同桌，她总是会很好奇地问我许多她想要了解的事情，也常常跟我一起回家，只是相处没多久她就去练游泳了。小时候的她多多少少有些浮夸，所以说我印象还是比较深的。

再见她，是在高一晚上月考的时候，我正爬着实验楼的楼梯往考场赶，有个声音突然叫住我，我回头一看，发现是谢仁慈。我一面惊讶她还能记得我，一面仔细看了看她的模样。由于马上要开考了，我们两个人之间只有零碎的三言两语，却没料到在文理分班时竟然又和她成为同班同学。大概是因为全班仅仅和她有些牵连这层关系，峰回路转我才终于和她成了朋友。她常常说我们很像，尽管她看起来一直是无忧无虑阳光的样子，可她的阴暗面却几乎和我没有区别。首先得说一下，我不太会伪装自己，说话偏毒舌，也因为家里变故整个人很悲观，给别人一种阴沉的感觉。我跟她说过我很羡慕她，她却反过来说羡慕我不用假装友好的样子去迎合别人，那时我才明白原来她也会自我挣扎自我厌恶。

谢仁慈作为特殊人士的一分子，给我的感觉便是极其自尊自立。她很不喜欢自己摔倒的时候别人去搀扶她，我有好几次伸手去拉她起来，她却不愿我把她看作特殊的人，三番两次地抽回被我拉着的手，也告诉我她没关系。说实话，因为我没有缺失过身体上的一部分，不甚理解她的心情，或者是从小对陌生人漠不关心，她小时候受到不公平的待遇时，我虽然没有直接参与，却还是选择了旁观。

最近看到她在为自己、为特殊人士争取更多的权利和保障，我很支持她，也对她说如果需要我的帮助，我会尽自己所能。不过倘若换作是其他人，可能我依旧看看便作罢或者不表态。看来，谢仁慈还是用自己的人格魅力征服了一个很不合群的人。

CYJ

我的同学谢仁慈

认识谢仁慈是在2012年，但知道她大概是在初中。居然也快十年了。

没办法，谢仁慈同学太好认了。初中的时候我在九班，她在五班，两个班隔了一层楼。有时候上楼就会看见一个拄拐的女同学大摇大摆地搂着身边的人，和朋友嘻嘻哈哈地开玩笑。身边路过的同学怕撞到她，也担心因为她挡路而迟到，纷纷赶紧错过他们跑上楼。这位拄拐的女同学也不管，仍然“哈哈哈哈”放声大笑。

我们考的同一所高中，我在十班，她在十三班。高二那年，我们进了同一个文科班。我们在分班之前就接触过了。那时候我还在玩百度贴吧，暑假里整天在上面闲逛，有一天突然看到一个帖子说有分班考试的成绩。我

点开看，按照上面的指示留下了邮箱，当天晚上就收到了成绩单，发信人：Mercy。

多年之后我跟谢仁慈同学提过这件事，她的反应是：我给几百个人发过，亏得你还记得。

和谢仁慈同学熟络起来是在高二上学期的一次晚自习上，下课的时候我闲着没事往班上的电脑里拷视频，播放了张国荣 1997 年的演唱会上的一首歌——《追》，张国荣刚唱了一句，底下谢仁慈同学突然抬头眼睛放光："哥哥！"

于是我和谢仁慈同学聊了一节自习课的张国荣，放学还是一起出校门的。那时候的她穿着长裤，裤子里藏着假肢。坦白地说，认识谢仁慈同学这么多年，我一直没有把她当残疾人看。所以当时我聊着聊着有些激动，她有些跟不上，直截了当地对我说了一句："慢点走！假的真不了！"

我印象中的谢仁慈总是住在她妈妈开的门市里，一个美容美发店，后来熟了，我总说那是"洗头房"。店就开在学校附近，每天放学都能路过。2012年的最后一天，我们班有一个元旦联欢会，谢仁慈把我叫到店里，给我化了一个大浓妆。我扮女的，她扮男的，在班上闪亮登场的时候，在同学们欢呼声与笑声中，我感觉我和谢仁慈同学也熟到一个境界了。

高三一开始，谢仁慈同学就剪了一个特丑的发型。有意思的是，当时我喜欢的女生也剪了同样的发型，但那发型配在谢仁慈同学的脸上就很奇怪，加上她当时走的是爱谁谁的路子，样子就显得有些像土匪。后来那时候的大头照跟随谢仁慈的成绩贴在校外光荣榜上，也随着谢仁慈的学历贴在西南政法大学的校牌上。跟她提过这件事，谢仁慈的反应是："妈的。"

奇丑无比的发型似乎有助于注意力的集中。印象中谢仁慈的成绩直到高三之前，一直比我好不了多少，属于班上中等的层次。我看过谢仁慈贴在"洗头房"里的高三每日学习计划，语文、数学、英语、历史、政治、地理，一天之内没有休息的时候，感觉我要这样学习，估计得月月刮光头。

上了高三大家虽然还很熟，但毕竟少了兴趣上的交流，聊学习显得有些恶心。于是一整年在班上我和谢仁慈互相说得最多的话大概是："一定要相信，我们会在重庆一起吃早餐。""从刚刚那次考试我们分析出一个结论，我们大概不能在重庆一起吃早餐了。""黄锐，我们还能在重庆一起吃早餐吗？""在重庆吃早餐的时候第一顿得你请，还得加个煎蛋！"

那年我住在校外的一间出租屋里，有时候晚上心情烦闷，会大半夜去砸"洗头房"的门找谢仁慈聊天。聊喜欢的女生被别的男生抢走了，聊最近发生了什么有意思的事，聊艺考期间心里的一些感慨。通常都会聊到凌晨两三点钟，然后我整理一下衣服，洗洗手，安心地从"洗头房”回住处，当作一切都没有发生。

一年之后我们都考上心仪的学校了，但是经过讨论，一起吃早餐这个事情还是显得缺少可执行性——两个学校隔着二三十公里。

上了大学之后，和谢仁慈的交流其实并不太多，但是感觉还是很熟——这个人太爱发动态了。一周健身发三次，周末图书馆发两次，几乎每天都能看到那张熟悉的脸。有时候会有老同学跟我吐槽这件事，语气也不大友好，有的可能还有些过分。我是这样想的，谢仁慈同学的最大优点，就是大方。正大光明地秀恩爱，正大光明地秀运动、秀读书。别人有所微词，实际上也是肯定谢仁慈同学的一种反映：这人就不需要你用对残疾人的同情眼光去看她。

黄锐

跋

致二十一

看到多年前所写的文章一如看到那些久远的、泛黄的旧照片，怀念之余更多的是惊叹：啊，原来曾经的自己是这样的。是幼稚的书写，但的确也带来许多令人反思的句子和段落。其实还会很欣慰，原来十五岁的自己就已经开始思考一些，直到现在我都还在苦苦寻求答案的问题了。看到那些阅读、旅行时留下的章句，恍惚间会回到阅读或旅行时的那一刻，仿佛还能听到深夜看《夜航船》时窗外淅淅沥沥的雨声，体验到在西藏时由于高海拔缺氧所带来的迷醉感。

文字是很神奇的东西，它能让时光倒流、空间位移，甚至能够打败时间、抵达永恒。这就是我迷恋文字，对其抱有巨大热情的原因。

我的写作源于年幼时的书信，后慢慢延展为各种杂文。事实上，这本书里所收纳的文字，除了确定出书之后写的几篇，以往所写的每一篇以现在的我看来，都不是令人满意的。随着年纪的增长，我对同一件事的看法有了改变，可能是继承中发展的，也可能是截然不同的；写作手法、语言表达也有了更好的方式，能让措辞更加准确。但除了修改错别字和语病之外，我还是几乎原封不动地保留下来了文章最初的样子，可以说，这本书其实是不成熟的，谈论的东西也是有限的。但比起严肃的文集，这更像是一本记录一个孩子在阅读与写作中不断成长的过程的书，希望每一个读到它的人都能够在这个过程中有所反思与收获。这也是我当时决定出书的原因：因为媒体的报道，更多人想要去了解我的成长和思考，而我本身也是乐于与人分享的。

全书分为爱、成长、自由和自信四个部分。后三者所想说的，文章中都已完整表达。独在“爱”这个部分，还需有些必须放在文外的补充。在我谈到家庭、朋友时，未提及的并非代表不爱、不在乎，只是笔墨有限而不能一一提及。细想起来，像我这样一个感情丰富又容易激动的人，很容易就矫情了，而都是身边的朋友在包容着我的各种

“疯癫”，我心里不是不感谢的。只是在每一次对视、拥抱和酒杯里，我都“一切尽在不言中”了，因为怕说出来、写出来时，又被他们骂“矫情怪”；同时，也要跟那些因为我矫情、任性和以己度人所伤害而离开的人道歉，也谢谢你们曾经对我的包容和对我缺点的直言不讳，当一切无法挽回时，能做的只有记得并改正它们。家人也同样，除了母亲之外，姑姑年幼时对我的照顾也对我十分重要，不提及，不代表不感恩，也并不代表我忘记了，只能在每一次关照妹妹、回家时多干些力所能及的活儿中藏着我的感谢了。还有爱情，这是我十八岁到二十岁间遇到的最重要的人，经历过的最重要的事，写作的过程中删改几次，一度难以下笔。原想不写不提也罢，却又觉得当我提到爱与成长时，这是我生命中无法绕过的体验与珍宝。犹豫很久，还是写下，和你们分享我生命中最宝贵的一段经历。

从来过着“无龄感”生活，并不觉得年纪能代表什么，只是每一次长大一岁都会感叹时光真是在飞着逃走。从出生到现在，二十年时光留下最好的见证，就是这本书，是一个微小而慎重的纪念。或许它的文字是幼稚的、谈论的事物是有限的，但只要有一个人从中受到触动而获取力量，这本书就是有价值的。

在“奔三”的日子里，作为一个话痨，我还有许许多多的故事要说；作为一个驴友，我还有许许多多的地方要去；作为一个笔者，我还有许许多多的文章要写——这是我的第一本书，但绝不会是最后一本。

这本书完成了小时候“二十岁时出一本书”的愿望，也是我献给自己二十一岁的生日礼物，所以全书特地收集了二十一篇我写的文章，向我的二十一岁致敬。未来的日子，要保持对这个世界的好奇之心、赤子之心，多多尝试、多多思考、多多行动、多多写作。无论读者的多少，我都会继续写下去的。

是为跋。

Mercy
这些年辛苦了，
我不会让你失望的。